内蒙古生态气象综合监测与评估
(2018年度)

杨志捷 李云鹏 主编

内容简介

本书全面收集遥感、野外监测台站网络及野外综合考察等多方面资料,运用地理学和生态学研究的理论、技术、模型和方法,分析了2018年气候状况及主要气象灾害对内蒙古各生态系统的影响与反馈,在区域尺度上评估了主要生态系统状况,为进一步调整土地利用结构、改善区域生态环境等提供指导,也为制定内蒙古各生态系统的气候变化应对对策、减缓气候变化风险提供依据。本书适合从事生态气象、卫星遥感等工作的业务人员参考,也可供相关科研人员和高等院校学生阅读。

图书在版编目(CIP)数据

内蒙古生态气象综合监测与评估. 2018年度/杨志捷,李云鹏主编. —北京:气象出版社,2019.9
 ISBN 978-7-5029-7053-6

Ⅰ.①内⋯ Ⅱ.①杨⋯ ②李⋯ Ⅲ.①生态环境—气象观测—研究报告—内蒙古—2018 Ⅳ.①P41

中国版本图书馆 CIP 数据核字(2019)第 206475 号

Neimenggu Shengtai Qixiang Zonghe Jiance yu Pinggu(2018 Niandu)
内蒙古生态气象综合监测与评估(2018年度)

出版发行:气象出版社	
地　　址:北京市海淀区中关村南大街46号	邮政编码:100081
电　　话:010-68407112(总编室)　010-68408042(发行部)	
网　　址:http://www.qxcbs.com	E-mail:qxcbs@cma.gov.cn
责任编辑:黄红丽　王迪	终　　审:吴晓鹏
责任校对:王丽梅	责任技编:赵相宁
封面设计:楠竹文化	
印　　刷:北京建宏印刷有限公司	
开　　本:710 mm×1000 mm　1/16	印　　张:7
字　　数:145千字	
版　　次:2019年9月第1版	印　　次:2019年9月第1次印刷
定　　价:48.00元	

本书如存在文字不清、漏印以及缺页、倒页、脱页等,请与本社发行部联系调换。

《内蒙古生态气象综合监测与评估(2018年度)》编写组

主　　编：杨志捷　李云鹏
副 主 编：王海梅　王永利　宋华春
编写人员（按姓氏笔划排序）：

代海燕　孙小龙　刘朋涛　那顺陶格陶
苏　玥　李　丹　李　彬　李鑫杨　杨丽萍
吴国周　宋海清　张存厚　武荣盛　林泓锦
娜日苏　都瓦拉　贾成朕　高　健　彭江涛
韩　芳　甄　熙　樊　婷

前　　言

　　内蒙古横跨"三北"(中国西北、华北、东北)、毗邻八省,是我国北方面积最大、种类最全的生态功能区,各类生态系统不仅提供了大量人类社会经济发展所需的农畜产品、植物资源,还对维持区域自然生态系统格局、功能和过程起到关键性作用。内蒙古东西跨度大,区域内生态系统类型多样,包含了草原、荒漠、农田、森林、湿地和城市等生态系统,是全国生态环境建设规划与西部大开发中的重点治理与保护建设区域。由于大部分地区地处大陆性干旱半干旱季风气候区,内蒙古干旱半干旱土地面积占全区总面积的80%左右,生态环境十分脆弱,也是全球气候变化反应敏感的生态脆弱带,在全球气候变化背景与人类活动干扰的作用下,植被覆盖状况及其生态服务功能容易发生波动。因此,客观评价内蒙古各生态系统的生产现状及其对气候变化的反馈,对提高各生态系统的气候变化适应能力、保障社会经济的可持续发展具有重要的指导意义。

　　随着经济社会的快速发展,人们对环境资源过度使用和破坏,生态系统退化已成为目前人类所面临的主要环境问题。生态系统作为一个整体比单个物种更能有效地代表生物多样性,可以更准确地反映生态环境总体的状况。《内蒙古生态气象综合监测与评估(2018年度)》主要基于遥感和地理信息系统等现代地球信息技术,全面收集、整理了来自遥感、野外监测台站及野外综合考察等多方面资料,重建了长时间序列区域气候、生态环境、经济社会发展方面若干关键要素的时空动态信息,运用地理学和生态学的理论、技术、模型和方法,分析了内蒙古各类生态系统的宏观分布特点,追踪区域生态系统主要服务功能的变化轨迹,提炼生态系统变化过程中的趋势和规律,以期达到快速、综合监测和评价区域生态系统的目的;在区域尺度上评估了2018年内蒙古主要生态系统状况,并分析了当年气候状况及主要气象灾害对各生态系统的影响与反馈,说明了内蒙古各类生态系统功能状况,为进一步调整土地利用结构、改善区域生态环境及制定内蒙古各生态系统的气候变化应对对策、减缓气候变化风险提供依据。

作　者
2019 年 5 月

目 录

前言
摘要 1

第1章 生态气象质量
1.1 内蒙古生态质量气象条件综合分析 4
1.2 植被生态质量评估 8

第2章 城市生态系统
2.1 2001—2018年城市绿度遥感监测分析 12
2.2 气溶胶时空分布特征分析 14
2.3 城市热岛(冷岛)效应监测 19

第3章 农田生态系统
3.1 农业气候资源特征 28
3.2 农气适宜度 33

第4章 森林生态系统
4.1 森林资源动态变化 36
4.2 植物物候期变化 37

第5章 草地生态系统
5.1 天然牧草物候气象条件评述 40
5.2 天然牧草产量时空分布特征 41
5.3 天然牧草植被盖度时空分布特征 42
5.4 内蒙古草原生态退化趋势 43
5.5 内蒙古草原牧区牧事活动评述 44
5.6 草原禁牧、休牧与轮牧气象条件评估 46
5.7 2018年内蒙古草原地上生物量评估 53

第6章 沙地植被状况
6.1 2018年沙地植被盖度现状 58

 6.2 植被长势与 2017 年同期对比分析 ·· 58
 6.3 植被长势与历年同期对比分析 ·· 61
 6.4 小结 ·· 61

第 7 章 荒漠生态系统 ·· 64
 7.1 内蒙古自治区荒漠生态系统气候概况 ································ 64
 7.2 1998—2018 年阿拉善盟植被动态分析 ································ 65
 7.3 基于 GF2 卫星沙丘移动监测地面验证及沙漠扩张速度评估 ········· 70

第 8 章 湿地生态系统 ·· 73

第 9 章 气象灾害的生态影响 ·· 79
 9.1 干旱气象灾害对生态系统影响评估 ···································· 79
 9.2 沙尘遥感监测及生态影响评估 ·· 84
 9.3 积雪监测及生态影响评估 ·· 89
 9.4 森林草原火情监测及火险气象等级评述 ···························· 91
 9.5 森林草原农田病虫害发生气象条件监测评估 ···················· 96

参考文献 ·· 101

摘　　要

为了详尽分析2018年气候条件对内蒙古生态系统的影响,《内蒙古生态气象综合监测与评估(2018年度)》以内蒙古区域内的各主要生态系统为研究对象,利用遥感与地面气象、生态观测数据,基于3S技术,利用统计学的方法及原理,采用图形代数、相关分析、线性回归等统计分析方法,结合野外实地调查,全面研究了全球气候变化对内蒙古生态系统的影响,在区域尺度上明晰生态系统对气候变化的响应,研究成果对加强草原生态环境保护与草地资源合理利用等具有重要的理论与实践价值。

主要结论如下：

(1)生态气象质量

2018年春季内蒙古大部地区变干。夏季,全区大部偏湿,变干区主要分布在呼伦贝尔市西部、通辽市南部和赤峰市大部。秋季,呼伦贝尔市东北部和西部、通辽市大部、赤峰市大部、乌兰察布市南部、呼和浩特市南部和阿拉善盟西部区较历年变干,其余大部地区变湿。整体来看,内蒙古春季大部地区干旱,夏季和秋季大部地区变湿,其中生长季干旱较为明显的地区主要分布在呼伦贝尔市西部、赤峰市大部和通辽市南部。内蒙古地区整体而言,4月相对湿润,5月和6月大部地区相对干燥,7月除东部偏南外大部地区湿润,8月呼伦贝尔市北部、呼和浩特市和乌兰察布市南部变干明显,9月大部地区较湿润。从月份干湿变化来看,通辽市和赤峰市春末夏初连旱明显。2018生态环境轻度退化区主要分布在呼伦贝尔市西部、赤峰市大部、锡林郭勒盟西部、乌兰察布市大部地区,其余大部地区为好转区。2018大部地区生产力较历年偏高,其中呼伦贝尔市东南部、兴安盟北部、包头市东部、鄂尔多斯市大部、巴彦淖尔市北部和阿拉善盟东部地区生产力较历年明显偏高,明显偏低区仅分布在呼伦贝尔市西部。

2018年内蒙古地区植被生态环境良好,植被覆盖率创近十年新高。植被覆盖率平均为47.28%,创2007年以来新高;2010年前,内蒙古植被覆盖率平均为38.43%,2010年后平均为42.05%,提高了3.62%,植被覆盖状况改善较为显著。

(2)城市生态系统

利用EOS/MODIS资料计算了内蒙古自治区主要城市的植被指数、气溶胶和地表温度,通过分析发现:①绿度:2001—2018年内蒙古城市绿度变化,除巴彦浩特,西部临河区、东胜区、乌海市明显减小趋势相对较大;除锡林浩特,中部包头市、呼和浩特市、集宁区轻微减小趋势较大;东部赤峰市、通辽市、乌兰浩特市、海拉尔区稳定趋势较佳;②气溶胶:2018年内蒙古气溶胶的年平均分布与多年平均态一致,在中部和东部各存在一个高值区。从距平来看,中部高值区为正距平,而东部高值区为负距平。季节上,秋季全区气溶胶值由正距平主导。分析主要城市气溶胶,全年以负距平为主;③冷热岛:采用2018年遥感数据和气象站点数据分析内蒙古城市热岛效应,从月变化看,内蒙古夏季城市热岛效应最强,其次是冬季;从日变化看,内蒙古城市热岛效应易出现在午后和夜间。

(3)农田生态系统

内蒙古2018年稳定通过10 ℃初日大部地区明显偏早,利于主要作物适期播种和出苗生长;生长季热量偏多,利于生物量积累;降水大部农区正常或偏多,为秋收作物生长创造了有利的水分条件,仅东部偏南部分农区苗期出现阶段性干旱,对旱地作物健壮生长造成一定不利影响;全区玉米平均农气适宜度高于近5年平均值,利于生长发育和产量增长,马铃薯农气适宜度接近近5年平均值,对产量稳定提高较为有利。

(4)森林生态系统

2018年,全区森林总量持续增长,营造林快速发展,森林生态系统功能有所增强;植物春季物候期提前,秋季物候期推迟,生长季相对延长,对森林生态系统总初级生产力有一定贡献。整体上有利于森林生态系统的良性循环和健康发展。

(5)草地生态系统

2018年内蒙古草原牧草产量呈现中东部偏高于西部特点。其中,中部草原区最高,其次东部,最低为西部;不同类型草地牧草产量差异显著,均明显偏低于去年。区域植被盖度中东部高于西部,且减少明显;生长季长度呈现由东北向西南逐渐增加的趋势,其中,牧草由西南向东北依次返青,黄枯则相反;全区不同类型草地由于分布地区水、热因素的差异,天然牧草生长季长度由草甸草原、典型草原向荒漠草原依次增加;内蒙古草原生态呈现出退化趋缓、局部好转的态势;呼伦贝尔草原大部牧事活动时间接近去年或偏晚于去年;鄂尔多斯市草原牧区牧事活动时间基本正常,接近常年或偏早;锡林郭勒盟大部牧区除牲畜接羔保育结束时间偏早,家畜抓膘开始时间偏晚,驱虫偏早,药浴接近或偏晚外,其余牧事活动时间接近去年。

2018年大部地区气温偏高、降水偏多有利于牧草生长发育;夏季出现过阶段性干旱,对牧草积极生长产生一定的抑制作用;内蒙古草原最大地上生物量呈现出"东部好、西部差;南部好、北部差"的态势,总体牧草产量明显好于2017年,接近历史同期水平。

(6)沙地植被

沙地部分摘要:2018毛乌素沙地、浑善达克沙地和科尔沁沙地植被长势大部优于2017年及历年同期。科尔沁沙地72%的地区,浑善达克沙地中东部大部分地区以及毛乌素沙地东北部部分地区植被盖度大于40%。

(7)荒漠生态系统

1998—2018年阿拉善盟NDVI总体呈增长趋势,地表覆盖得到改善,退化区域仅占总面积的0.013%,41.525%的区域维持稳定状态,轻度增加区域占总面积的

52.236%，显著增加区域占总面积的 6.225%；中西阿拉善地区大部植被处于稳定状态，特别是戈壁地区、巴丹吉林沙漠中西部植被状态相当稳定，东阿拉善地区植被整体转好，植被显著改善区域大部分集中在贺兰山山地、黑河流域等植被覆盖状态较好的地区。GF2-PMS 遥感影像能够刻画出典型沙丘形态，且对典型沙丘坡脚线的监测精度基本不受太阳高度角及卫星入射角的影响；巴彦温都尔沙漠东缘存在快速扩张的现象，从整体来看，沙丘的移动大体上是由西北向东南移动，这正符合当地常年盛行西北风的特点，9 个沙丘平均移动速率达 7.8 m/a，部分沙丘移动速率达 17.5 m/a。

(8) 湿地生态系统

利用历史遥感数据，对内蒙古地区面积较大的六大主要湖泊（呼伦湖、乌梁素海、达里诺尔湖、东居延海、岱海和黄旗海）进行了遥感监测。湖水体面积稳定，东居延海、呼伦湖生态治理成效显著。2018 年，内蒙古主要湖水体面积较为稳定，其中东居延海达到了 65.5 km^2，为近几年水体面积最大年份，呼伦湖面积达到 2049.5 km^2，湖水体生态治理成效显著。

(9) 气象灾害的生态影响

干旱：2018 年内蒙古春末夏初旱情严重，重旱以上区域占全区总面积的 50% 以上，且全区以中等程度干旱为主，严重影响农田播种和牧草生长；北部牧区旱情重于农区，干旱主要影响内蒙古地区中西部北部、中部大部、东部偏南地区；导致牧草返青期推迟，植被长势偏差，牧区地上生物量总计减少 733.8 万 t。

沙尘暴：2018 年气象卫星在内蒙古地区有效监测沙尘天气过程 15 次，相比去年增加 10 次，其中有 9 次影响范围超过 8 万 km^2。全区被沙尘覆盖过的区域面积达 76.36 万 km^2，占全区总面积的 64.54%。

积雪：2018 年全区大部有积雪覆盖，面积约为 116.83 万 km^2，约占全区总面积的 98.75%，呈现东多西少的空间分布特征。日最大雪深为 47 cm，为 2011 年来第三高，未发生积雪灾害。

火灾：2018 年全年内蒙古地区遥感监测森林草原火情结果显示，全区监测到火点 101 次。火点主要分布在内蒙古中东部地区。呼伦贝尔市、锡林郭勒盟和兴安盟为草原火灾多发区。结合全区气象条件及下垫面植被状况，2018 年内蒙古春季和秋季火险等级都较高。

病虫害：受暖冬造成病虫害越冬基数加大，气温偏高、旱涝不均、大风、冰雹等气象灾害频发影响，2018 年内蒙古森林草原农田病虫害为中度偏重发生年份，局部重度发生。

据不完全统计，2018 年全区病虫害农田受灾面积 57.25 万 hm^2，牧草受灾面积 185.24 千 hm^2，其中严重发生面积 55.72 万 hm^2。2018 年病虫害发生种类繁多，涉及面积广泛，尤以蝗虫、草地螟、玉米螟、地老虎、马铃薯晚疫病为重，其中越冬代草地螟出现蛾峰，蛾量是 2008 年草地螟在全区暴发后至今为止最大的。主要分布在兴安盟 5 旗县市区、呼伦贝尔市 4 旗县市区和赤峰市北部 3 旗县。

第 1 章 生态气象质量

1.1 内蒙古生态质量气象条件综合分析

2018年春季内蒙古大部地区变干。夏季，全区大部偏湿，变干区主要分布在呼伦贝尔市西部、通辽市南部和赤峰市大部。秋季，呼伦贝尔市东北部和西部、通辽市大部、赤峰市大部、乌兰察布市南部、呼和浩特市南部和阿拉善盟西部区较历年变干，其余大部地区变湿。整体来看，内蒙古春季大部地区干旱、夏季和秋季大部地区变湿，其中生长季干旱较为明显的地区主要分布在呼伦贝尔市西部、赤峰市大部和通辽市南部。内蒙古地区整体而言，4月相对湿润，5月和6月大部地区相对干燥，7月除东部偏南外大部地区湿润，8月呼伦贝尔市北部、呼和浩特市和乌兰察布市南部变干明显，9月大部地区较湿润。从月份干湿变化来看，通辽市和赤峰市春末夏初连旱明显。2018生态环境轻度退化区主要分布在呼伦贝尔市西部、赤峰市大部、锡林郭勒盟西部、乌兰察布市大部地区，其余大部地区为好转区。2018大部地区生产力较历年偏高，其中呼伦贝尔市东南部、兴安盟北部、包头市东部、鄂尔多斯市大部、巴彦淖尔市北部和阿拉善盟东部地区生产力较历年明显偏高，明显偏低区仅分布在呼伦贝尔市西部。

1.1.1 四季湿润指数变化趋势

2018年春季湿润指数与历年同期相比，内蒙古大部地区变干，变湿区仅存在于呼伦贝尔市南部、兴安盟东北部、锡林郭勒盟东部、鄂尔多斯市大部和阿拉善盟西部。夏季，内蒙古大部地区变湿，变干区主要分布在呼伦贝尔市西部、通辽南部和赤峰市大部。秋季，呼伦贝尔市东北部和西部、通辽市大部、赤峰市大部、乌兰察布市南部、呼和浩特市南部和阿拉善盟西部区较历年变干，其余大部地区变湿。2018年冬季，内蒙古大部地区变干，其中呼伦贝尔市北部明显变干，变湿区主要分布在兴安盟大部、锡林郭勒盟东部、巴彦淖尔市西部和阿拉善盟。整体来看，内蒙古春季大部地区干旱、夏季和秋季大部地区变湿，其中生长季干旱较为明显的地区主要分布在呼伦贝尔市西部、赤峰市大部和通辽市南部(图1.1)。

第 1 章 生态气象质量

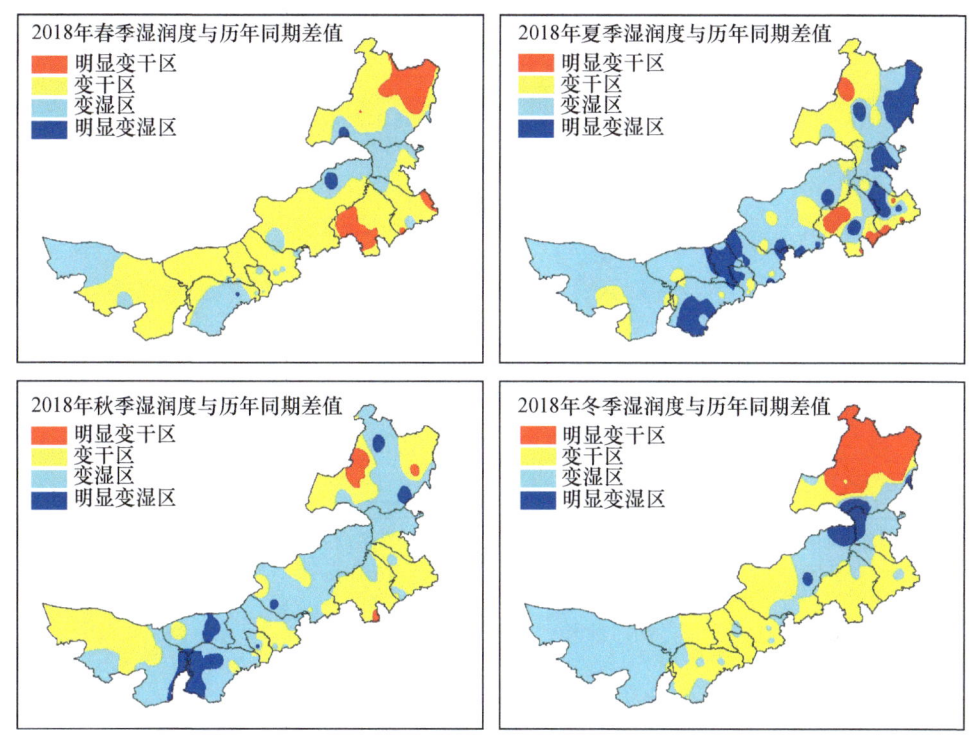

图 1.1 2018 年内蒙古四季与历年同期湿润指数差值分布

1.1.2 生长季湿润指数月动态变化趋势

2018 年生长季月湿润指数与历年同期差值动态变化(图 1.2)表明：生长季 4 月大部地区较历年变湿，明显变干区主要集中在呼伦贝尔市东北部；5 月大部地区变干，变湿区主要分布在中西部偏南地区；6 月大部地区变干，变湿区主要分布在呼伦贝尔市西部和鄂尔多斯市南部；7 月大部地区变湿，变干区主要分布在东部偏南的通辽市和赤峰市，8 月东部偏南降水增多，明显变干区主要集中在呼伦贝尔市北部、呼和浩特市和乌兰察布市南部。9 月全区大部地区较历年变湿，变干区主要分布在东部偏南。全年生长季来看，春末夏初，其中东部偏南的通辽市和赤峰市春夏连旱明显，直到 8 月份干旱才有所缓解。

1.1.3 年湿润度与历年差值

2018 年全区湿润度基本延续了从西到东逐渐变湿的趋势，其中呼伦贝尔市东北部和阿尔山地区相对湿润。年湿润度与历年同期相比，中东部大部地区变干，其中呼伦贝尔市北部地区变干明显,变湿区主要集中在巴彦淖尔市中部、鄂尔多斯市和阿拉善盟(图1.3)。

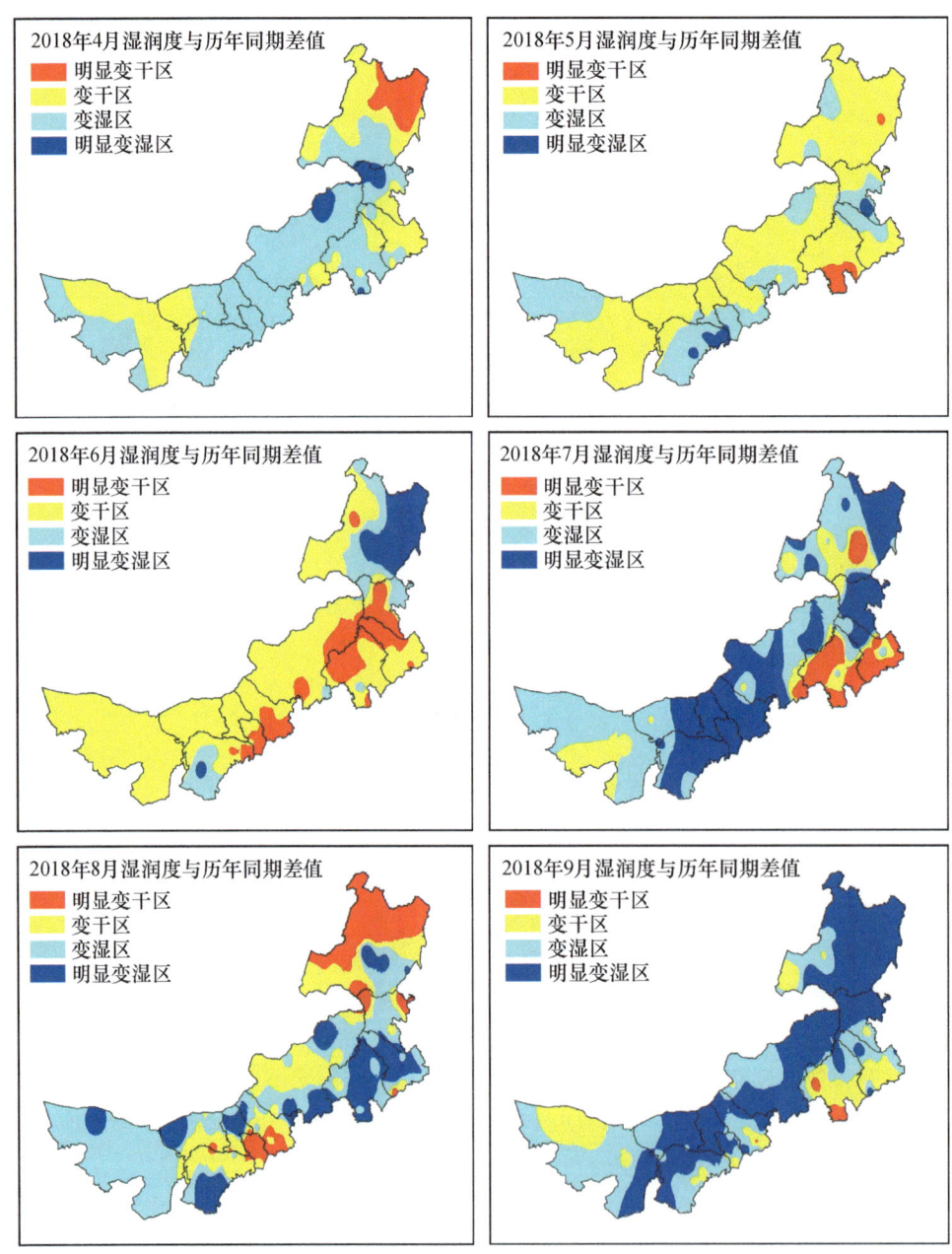

图1.2 2018年内蒙古生长季月湿润指数与历年同期差值

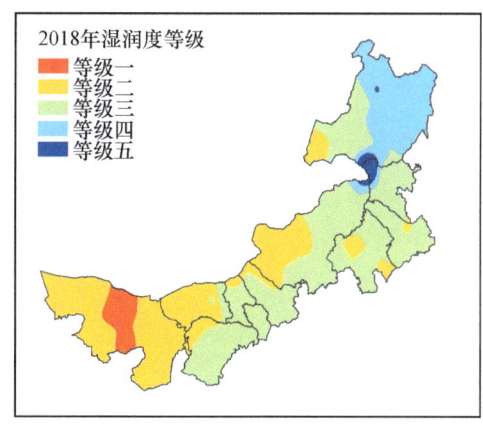 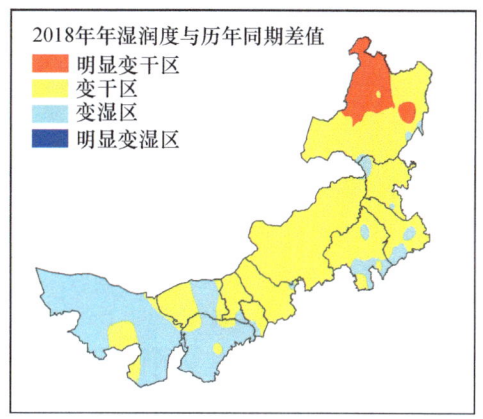

图 1.3 2018 年内蒙古湿润度与年同期差值

1.1.4 生态气候环境条件分析

2018年全区生态气候环境条件与历年同期相比,生态环境轻度退化区主要分布在呼伦贝尔市西部、赤峰市大部、锡林郭勒盟西部和乌兰察布市大部地区,其余大部地区为好转区,其中呼伦贝尔市中部偏南,兴安盟北部鄂尔多斯市东南大部为明显好转区(图1.4)。

1.1.5 全区植被净第一性生产力情况分析

2018年植被净第一性生产力与历年相比,我区大部地区生产力较历年偏高,其中呼伦贝尔市东南部、兴安盟北部、包头市东部、鄂尔多斯市大部、巴彦淖尔市北部和阿拉善盟东部地区生产力较历年明显偏高,明显偏低区仅分布在呼伦贝尔市西部(图1.5)。

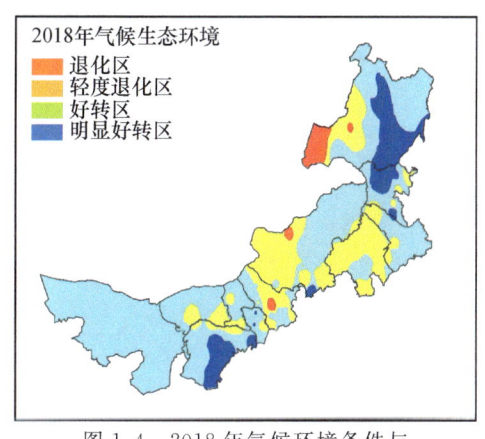 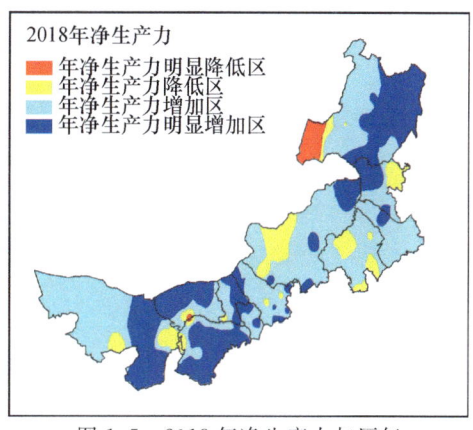

图 1.4 2018 年气候环境条件与生态评估分析

图 1.5 2018 年净生产力与历年（1981—2010 年）的差值

1.2 植被生态质量评估

2018年,内蒙古植被生态环境良好,植被覆盖率创近十年新高。

光、温、水和植被是区域生态环境最重要的影响因素,植被覆盖率是衡量区域生态环境质量的重要指标,同时也是防风固沙、水土保持、水源涵养、等的重要因子。内蒙古区域雨热同期,每年7月下旬至8月上旬是内蒙古地区最大植被覆盖率时期。可以看出,内蒙古植被覆盖率较高的区域分布在东部四盟市、乌兰察布市南部、呼和浩特市、河套地区(图1.6)。

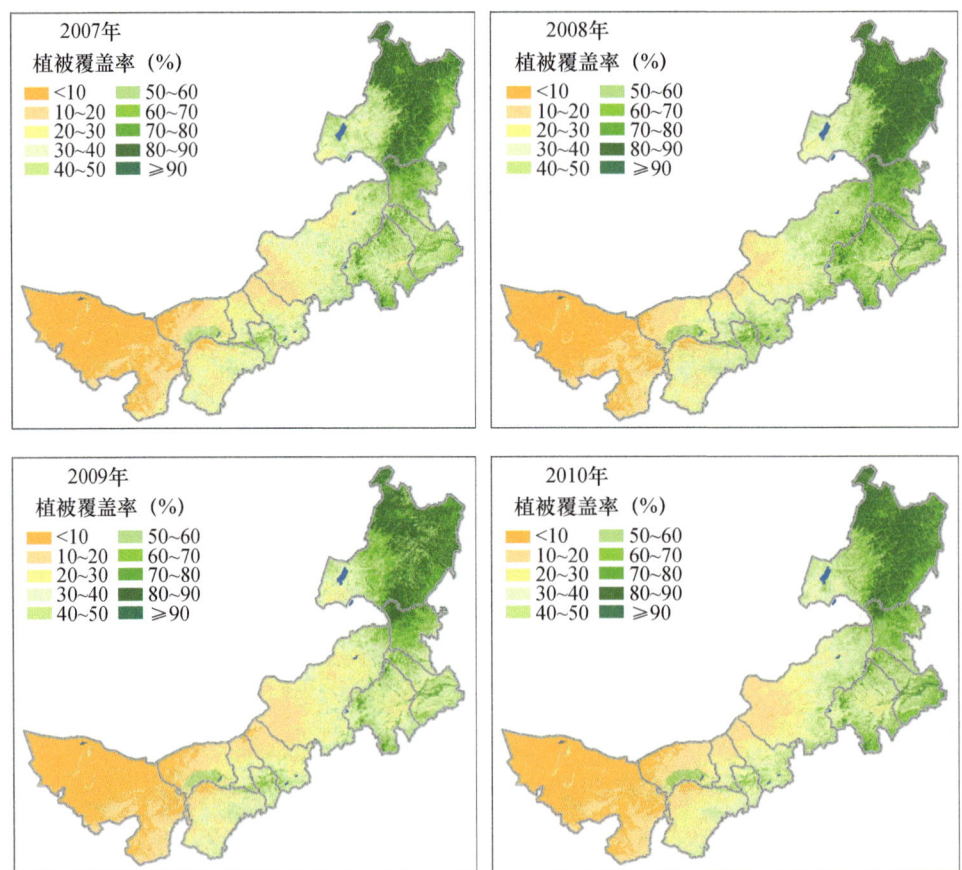

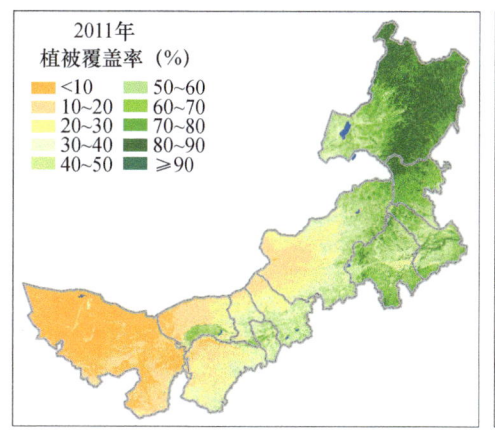
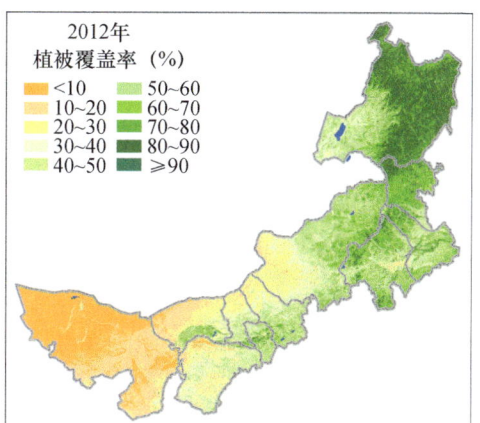
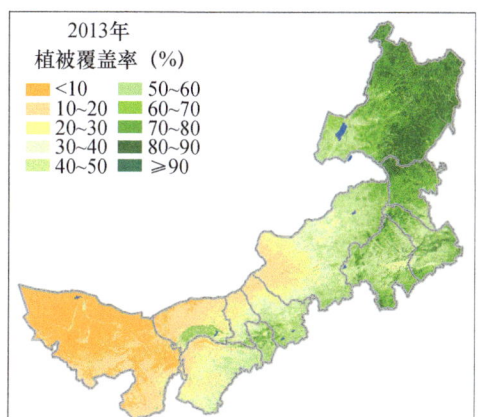
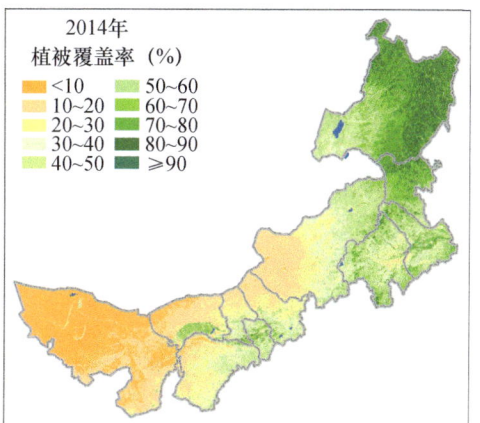
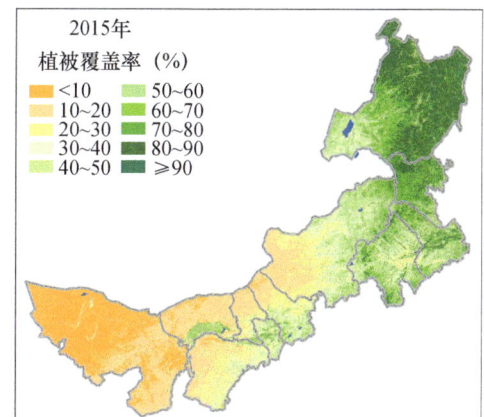
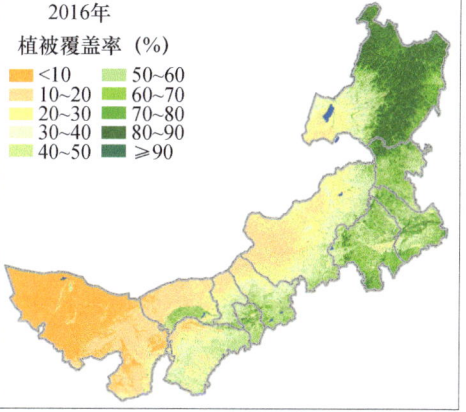

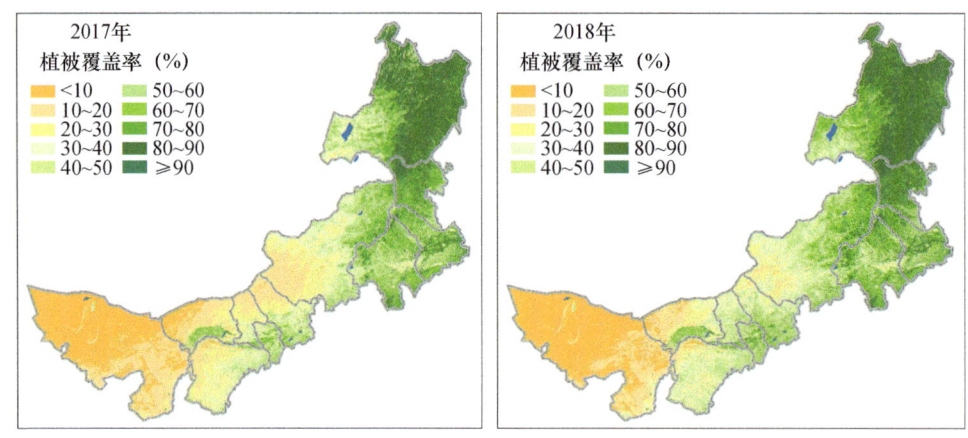

图1.6 2007—2018年夏季内蒙古地区最大植被覆盖率空间分布

图1.7为2007—2018年内蒙古地区最大植被覆盖率时间变化图,2018年达到了47.28%,创2007年以来新高;2010年前,最大植被覆盖率平均为38.43%,2010年后平均为42.05%,提高了3.62%,植被覆盖状况改善较为显著。

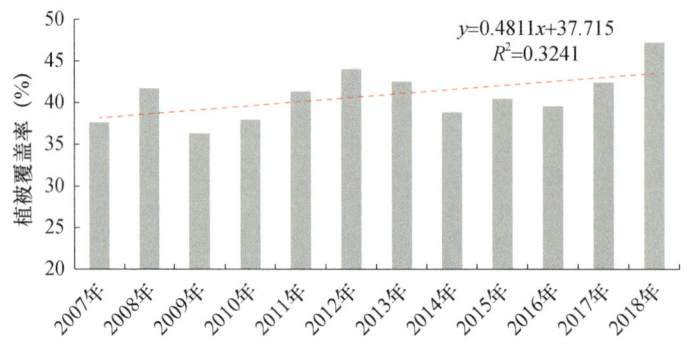

图1.7 2007—2018年夏季内蒙古地区最大植被覆盖率时间变化

内蒙古各盟市植被覆盖率见图1.8。各盟市植被覆盖率为9.77%～76.59%,其中兴安盟植被覆盖率最高达到了76.59%,其次为呼伦贝尔市(75.62%)、通辽市(67.57%),最低为阿拉善盟(9.77%),呼和浩特市2018年植被覆盖率为57.87%。

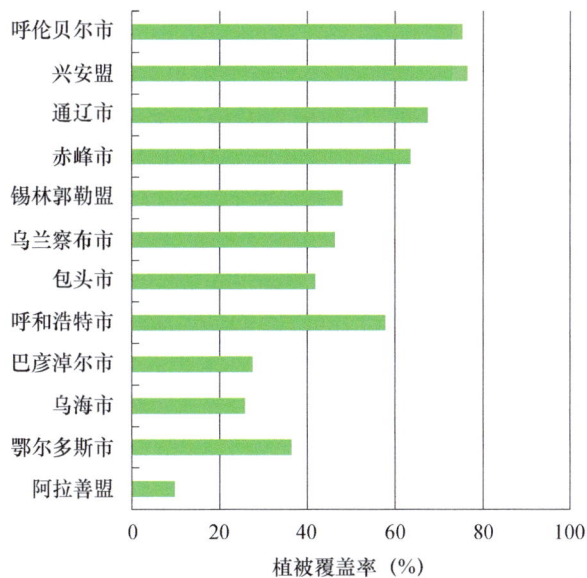

图 1.8 2007—2018 年夏季内蒙古盟市最大植被覆盖率

第 2 章 城市生态系统

2.1 2001—2018 年城市绿度遥感监测分析

2.1.1 研究方法

城市的绿度与地表植被覆盖情况直接相关,植被覆盖情况能从含有近红外和红光波段的遥感图像计算归一化植被指数获知。为了了解全区 12 个主要城市建成区的绿度变化,利用了 2001—2018 年每年生长季 6、7、8、9 月的中分辨率成像光谱(MODIS)的数据反演获得归一化植被指数(NDVI)后进行最大值合成法(MVC)合成,得到年数据,再利用植被绿度变换率(GRC)公式进行趋势分析。

$$GRC = \frac{n\sum_{i=1}^{n} id_i - (\sum_{i=1}^{n} i) \cdot (\sum_{i=1}^{n} d_i)}{n\sum_{i=1}^{n} i^2 - (\sum_{i=1}^{n} i)^2} \quad (2.1)$$

式中:n 表示参与分析的时间单位量,本研究中以年为单位计数。i 为依时间序列的单位累积量,即为从起始年后的第 i 年,$i \in (0,n)$。d_i 表示一时间单位上 NDVI 值,本研究中即为第 i 年经 MVC 法合成后的年 NDVI 值。

利用自然间断点分级法将 GRC 计算结果划分为 5 级:城市绿度明显减小[−0.009, 0.019)、绿度轻微减小[0.019, 0.037)、绿度稳定不变[0.037, 0.056)、绿度轻微增大[0.056, 0.075)和绿度明显增大[0.075, 0.094]。

2.1.2 结果与分析

内蒙古城市绿度 GRC 分级及各等级面积百分比统计结果如表 2.1 和图 2.1 所示。从图和表中可知,2001—2018 年内蒙古城市绿度减少的面积占总面积的 81.37%,其中,绿度轻微减少的面积占总面积的 65.29%。内蒙古各盟市所在地的城市绿度整体上处于减少趋势。

表 2.1　内蒙古城市绿度 GRC 分级及各等级面积占总面积百分比统计

	GRC 取值范围	占总面积百分比(%)
明显减小	[−0.009,0.019)	16.08
轻微减小	[0.019,0.037)	65.29
稳定不变	[0.037,0.056)	15.92
轻微增大	[0.056,0.075)	2.67
明显增大	[0.075,0.094]	0.04

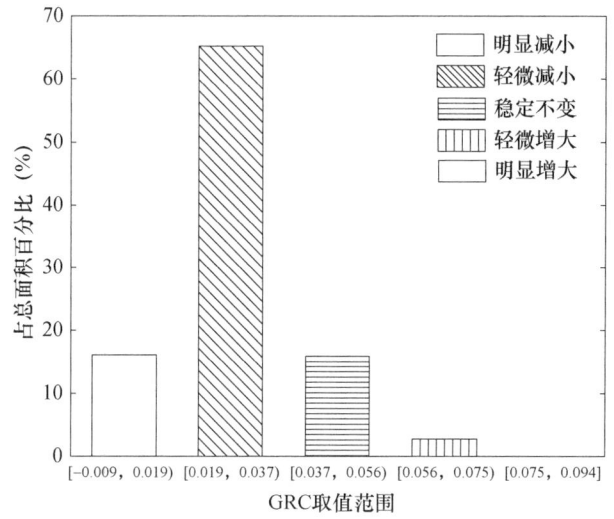

图 2.1　内蒙古城市绿度 GRC 分级及各等级面积占总面积百分比统计

对内蒙古自治区的 12 个主要城市分别进行趋势分析后结果如表 2.2 和图 2.2 所示。从图和表中可知：

(1) 城市绿度明显减小的城市主要有乌海市、东胜区、锡林浩特市和临河区四个城市，其绿度明显减小的面积占其建成区总面积的比分别为 51.57%、43.80%、40.07 和 25.88%。

(2) 内蒙古自治区 12 个主要城市绿度轻微减小的区域占其建成区总面积的比均在 40% 以上。根据从大到小依次排序为呼和浩特市 78.65% > 包头市 71.21% > 集宁区 70.02% > 通辽市 69.87% > 赤峰市 69.05% > 乌兰浩特市 60.23% > 东胜区 55.84% > 海拉尔区 54.25% > 锡林浩特市 52.21% > 乌海市 44.03% > 临河区 43.71% > 巴彦浩特镇 42.50%。

(3) 城市绿度增加的城市主要有乌兰浩特市、巴彦浩特镇和临河区，绿度增大的面积占其建成区总面积的比分别为 15.83%、12.50% 和 7.60%。

表 2.2 内蒙古城市绿度 GRC 分类面积百分比统计

城市名称	明显减小	轻微减小	稳定不变	轻微增大	明显增大
巴彦浩特镇	12.50%	42.50%	32.50%	12.50%	0.00%
临河区	25.88%	43.71%	22.81%	7.60%	0.00%
东胜区	43.80%	55.84%	0.36%	0.00%	0.00%
乌海市	51.57%	44.03%	4.40%	0.00%	0.00%
包头市	14.56%	71.21%	11.90%	2.33%	0.00%
呼和浩特市	9.00%	78.65%	12.20%	0.15%	0.00%
集宁区	15.59%	70.02%	14.39%	0.00%	0.00%
锡林浩特市	40.07%	52.21%	6.62%	1.10%	0.00%
赤峰市	9.92%	69.05%	20.04%	0.99%	0.00%
通辽市	1.01%	69.87%	25.57%	3.54%	0.00%
乌兰浩特市	1.16%	60.23%	22.78%	14.67%	1.16%
海拉尔区	0.71%	54.25%	40.57%	4.48%	0.00%

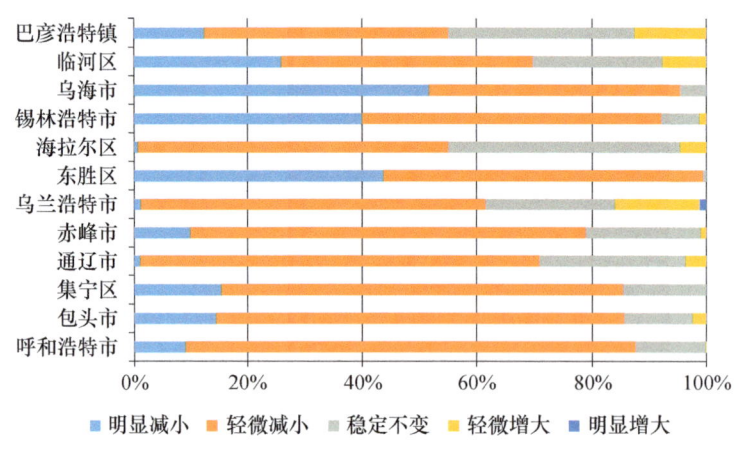

图 2.2 内蒙古城市绿度 GRC 分类面积百分比统计

2.2 气溶胶时空分布特征分析

大气气溶胶是由大气介质和混合于其中的固体或液体颗粒物组成的体系。近年来,随着城市化进程的发展,大气环境愈加恶化,而研究气溶胶时空分布特征在环境监测中具有重要价值。研究发现,气溶胶的吸收和散射作用的相对强弱会增加或削减城市热岛效应。MODIS 的气溶胶光学厚度产品经湿度和垂直订正后与 PM_{10} 和 $PM_{2.5}$ 浓度具有很高的相关性,可以作为污染物监测指标。

气溶胶时空分布特征,与区域气象、地形、经济等要素都有密切关系,如人口、沙尘天气、地表 NDVI,气象条件中的相对湿度、风向、风速及大气层结等。另外,分析气溶胶分布特征,对进一步明确区域气候变化和城市气象灾害风险演变有重要意义。IPCC 第五次报告指出,在气候变化的驱动因子中,气溶胶和云对气候变化的影响程度仍然是不确定性最大的部分。气溶胶浓度增加可能是近年来中国夏季东部和南部降水偏多,而中部区域降水偏少的原因。

内蒙古东西跨度极广,且是华北区域上游,其环境及生态变化对我国北部及中部地区影响极大。其森林、草原、沙漠生态系统又是极其脆弱敏感的生态系统,对该区域气溶胶的时空分布特征进行分析,对生态环境的监测和环境保护政策制订等都有重要意义。

2.2.1　多年平均气溶胶光学厚度分布

多年平均的内蒙古自治区气溶胶光学厚度年及季节分布如图 2.3 所示。从多年平均值来看,分布特征与内蒙古自治区地表类型分布有很高的一致性。东北部狭长的低值区为大兴安岭林区及其附属山脉覆盖地,海拔较高,人类活动少。高值区主要分布在内蒙古两端,一个在内蒙古中西部地区,另一个高值区在内蒙古东部大兴安岭山脉以南地区。后一个高值区值大于前一个,且该处的高值区与大连—沈阳—长春—哈尔滨一带 AOD 高值有很好的连续性。

季节分布图上,四季两个高值中心均可见,有季节分布特征。进一步分析中西部地区高值形成原因。首先该地区的高值区对应的正是主要的沙地地带——巴丹吉林沙漠、腾格里沙漠,地表裸露度高,春、秋季遇到大风天气易形成沙尘天气,高的 AOD 年均值可能是多次沙尘天气过程合成导致的。同时,该区域为内蒙古主要的重工业经济区,地区能源结构以煤炭为主,能源结构的不合理性及环境基础设施的滞后性也从源头上增加了大气环境质量改善的压力。该处不连续的低值区为阴山山脉。值得注意的是,不连续的北部高值区,下垫面只有部分沙地,且该地无大型城市聚集,沙尘天气相对较少。但该地为中蒙口岸城市二连浩特所在地,二连浩特东北部有陆盐湖的存在,极有可能增加了空气中的凝结核数量,使得多年平均上显示了较高的 AOD 值。

2.2.2　2018 年气溶胶光学厚度分布情况

2018 年内蒙古自治区气溶胶光学厚度年平均值及季节平均值分布情况见图 2.4。与图 2.3 相比,高值中心位置变化不大。为了定量化的分析变化,我们在图 2.5 中展示了 2018 年内蒙古自治区气溶胶分布的距平结果,即用图 2.4 的结果与图 2.3 中的结果做差。可以看出,从年平均来看,内蒙古大部分地区 AOD 值变低,其中包括东北区域原高值地区。该高值区全年仅在春季呈变高趋势,其余季节都为变低。而原中西部高值区、阴山山脉以北地区,AOD 值仍呈现变高趋势。从各个季节来看,冬季、春季、夏季的变化与年变化是一致的,而在秋季呈现完全相反的态势。秋季整个内蒙古地区 AOD 值都以偏高为主,其余季节 AOD 值以偏低为主。

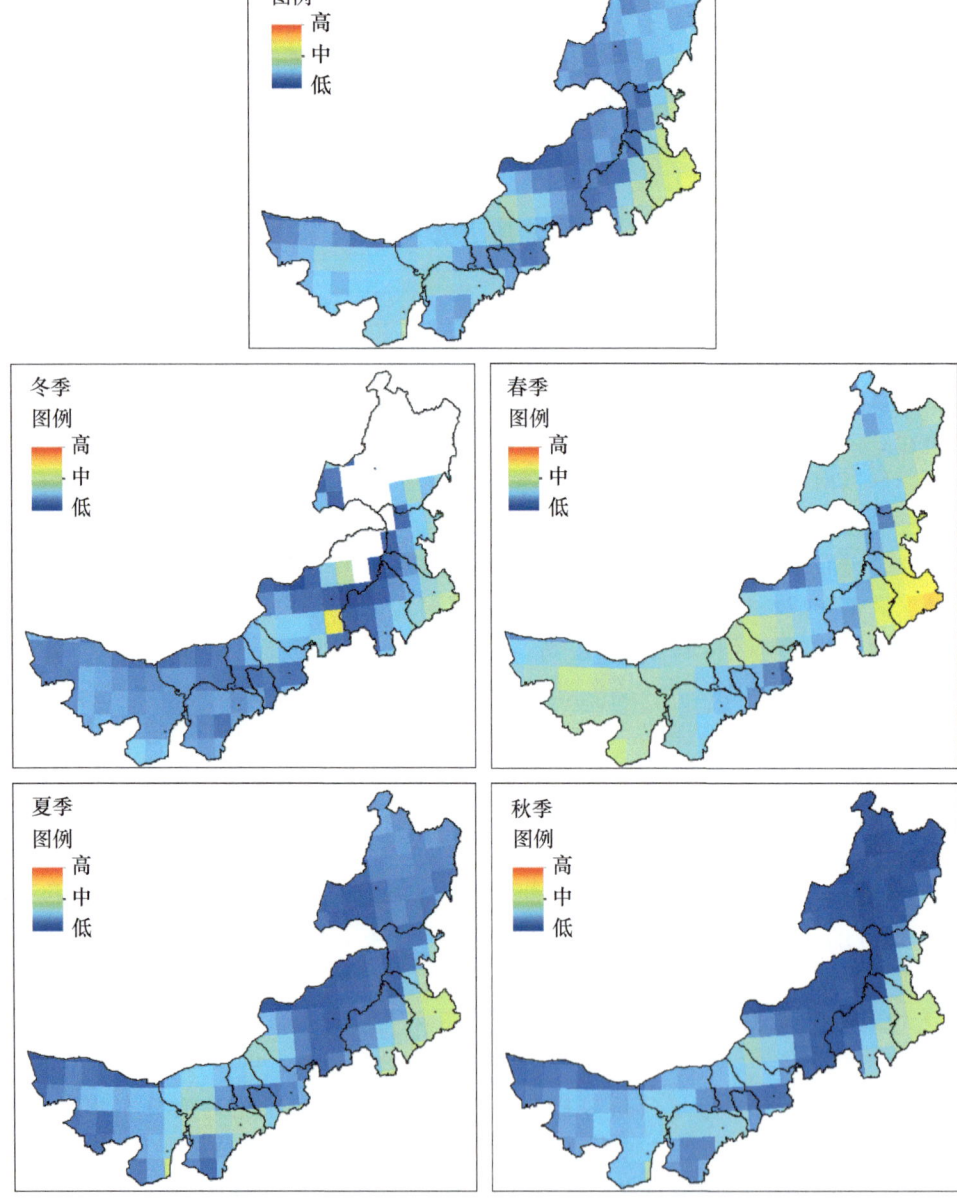

图 2.3　多年平均的内蒙古自治区气溶胶光学厚度年平均值及季节平均值

注:冬季由于东北地区积雪等影响,卫星数据为缺测值,用空白表示。

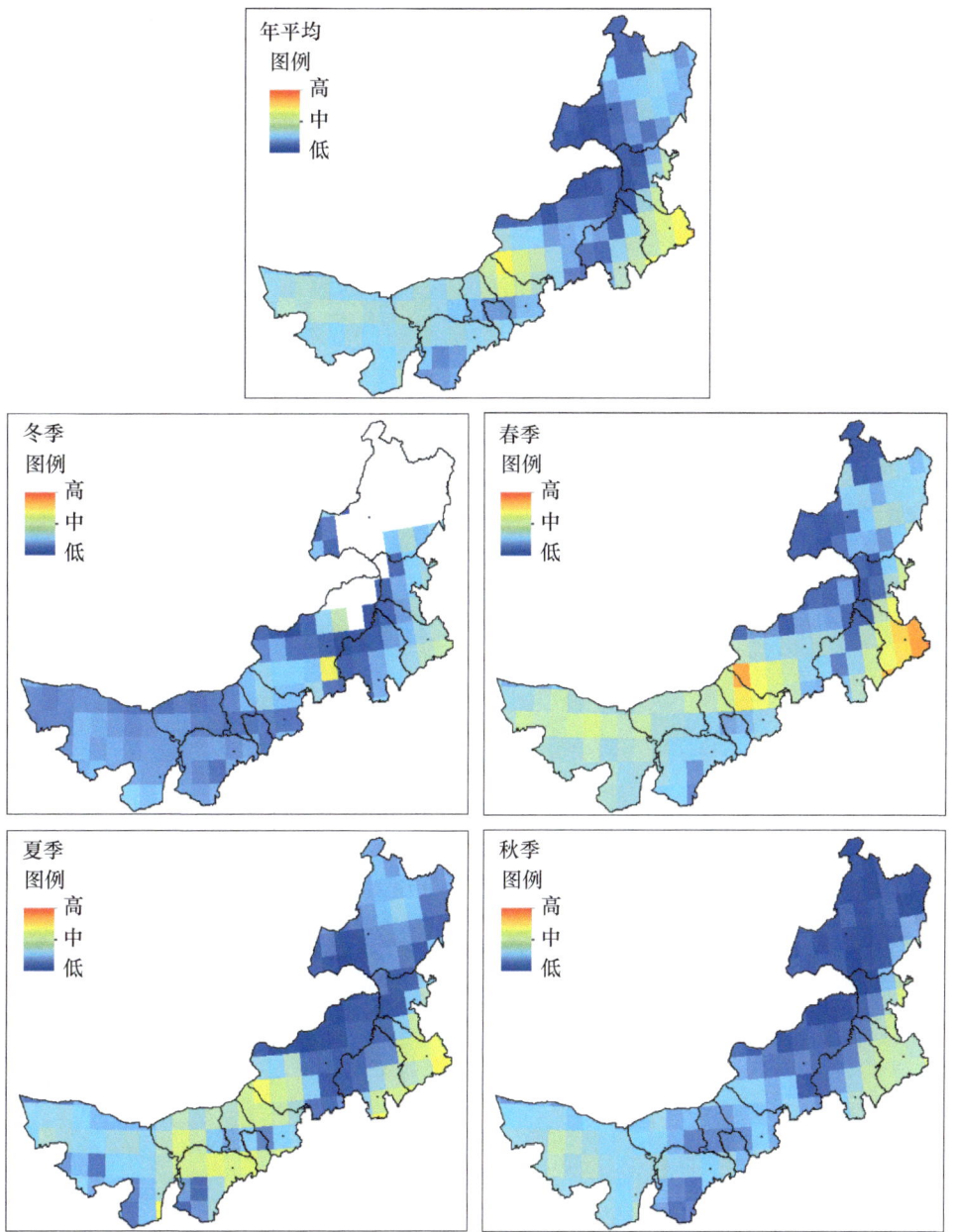

图 2.4　2018 年内蒙古自治区气溶胶光学厚度年平均值及季节平均值

2.2.3　2018 年内蒙古主要城市气溶胶光学厚度变化情况

为了分析人口及经济影响可能带来的变化，我们将内蒙古自治区辖区内的十二

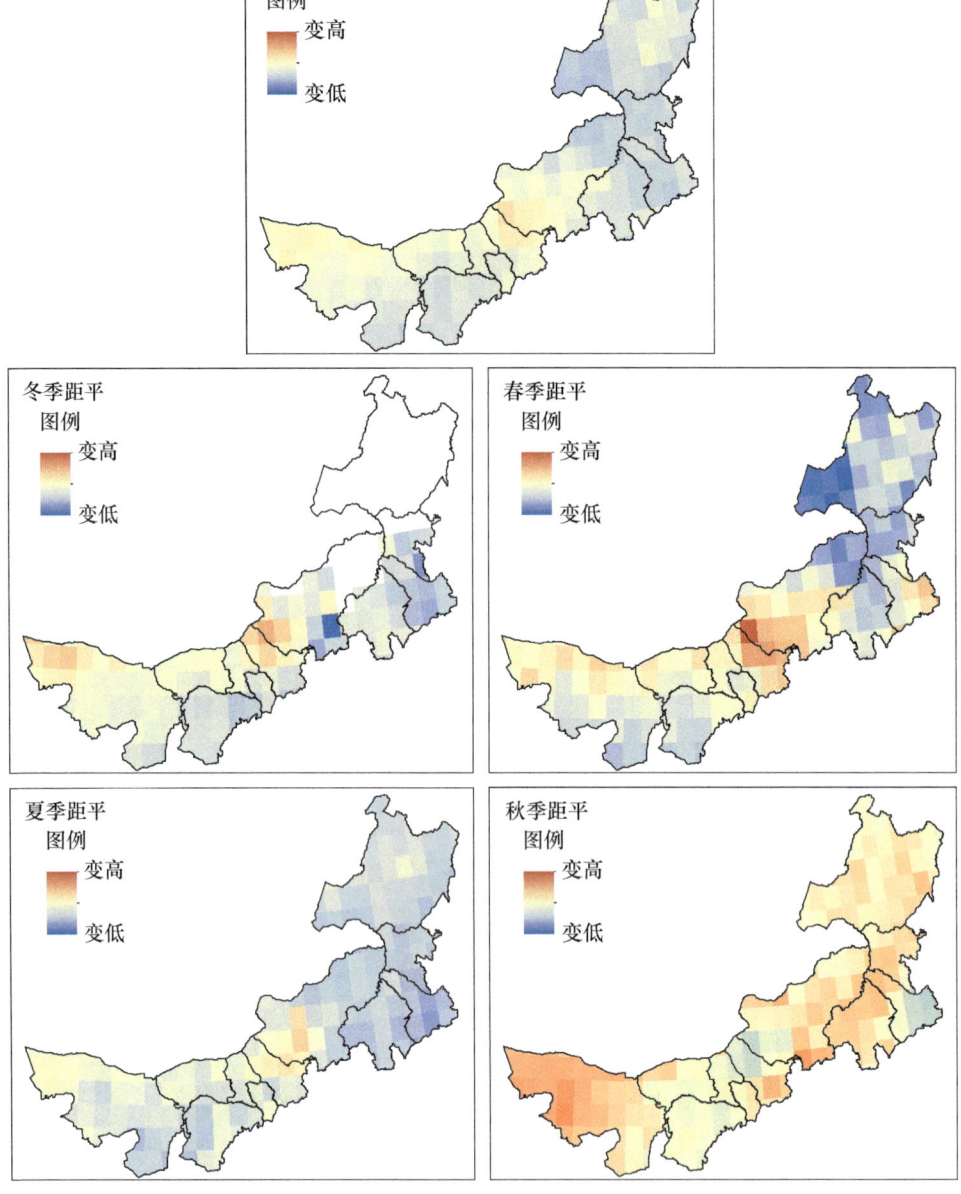

图 2.5 内蒙古自治区气溶胶光学厚度年距平及季节距平图

个盟市的首府所在地的气溶胶值及距平情况进行分析,如图 2.6 所示。各月中负距平的比重较大,东部盟市的负距平整体较西部盟市偏高,典型的如通辽市、乌兰浩特市。明显的正距平主要发生在 3、4 月,如锡林浩特市 4 月的 AOD 值较高,大部分都为正距平贡献,证明该地区 2018 年 AOD 值异常偏高明显,具体的来源还需进一步确定。从各城市气溶胶变化来看,并不完全与整体的气溶胶变化情况相一致,如秋季各城市气溶胶变化较小或为负距平较多,这与图 2.5 秋季图中大片的正距平不符。证明图 2.5 中大片正距平可能是由风速等气象条件导致的,由于城市的特殊下垫面,城市的风速等气象条件变化与周围地区变化不一致,所以可能导致 AOD 值变化与周围地区不一致。

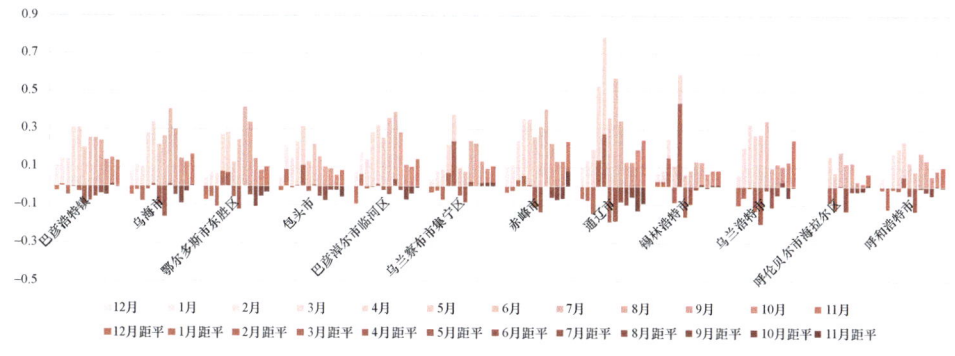

图 2.6　2018 年内蒙古自治区主要城市气溶胶光学厚度值及距平值图

2.3　城市热岛(冷岛)效应监测

城市热岛是由于城市建成区的不断发展造成城市气温比周围郊区温度高的现象,近三十年来随着工业的发展、人口的增加、商业化的活动日益频繁,影响了城市的气候,在诸多的城市气候中,城市热岛效应尤为突出。

对于城市热岛(冷岛)的监测与成因分析,采用卫星遥感数据和气象站点数据。利用遥感数据进行城市热岛月均值分析,气象站点进行城市热岛日变化研究,这两种方法的结合可以更直观、更全面地进行内蒙古全区城市热岛(冷岛)效应分析。

2.3.1　城市热岛(冷岛)月变化

根据 2018 年内蒙古白天、夜间城郊温差月变化可知(图 2.7、图 2.8),内蒙古夜间的城市热岛效应强于白天,白天中部地区的热岛效应最强,以呼和浩特市尤为显著;夜间西部地区和中部地区的热岛效应都比东部地区强,最大值出现在东胜区。冬季和夏季较易出现城市热岛效应,春秋两季城市热岛效应无显著变化规律。冬季白天城市热岛效应较低,最大值出现在赤峰市 1 月,强度为 1.44 ℃,热岛强度等级为弱热岛效应,其余地区为冷岛效应。冬季夜间城市热岛效应为四个季节最强,其中西部地区的热岛效应最为显著。夏季全区的城市热岛效应波动显著,各城市波动有大有小。夏季白天热岛效应最大值出现在 7 月呼和浩特市,强度为 6.10 ℃,其次是 8 月包头市强度为 5.66 ℃,都表现为强热岛效应。夏季夜间最大值出现在 6 月包头市,热岛强度 4.68 ℃,其次是 6 月东胜区强度 3.10 ℃,这两座这城市都表现为较强热岛效应。

从 2018 年内蒙古地表温度月均值时空分布来看(图 2.9、图 2.10),西部偏东和中部地区的城市热岛效应比其他区域强,西部地区热岛效应较强的城市有临河区、包头市。中部地区热岛效应较强的有呼和浩特市、锡林浩特市。东部地区的赤峰市、通辽市和海拉尔区城市热冷岛效应交替发生。几乎不存在热岛效应的城市有巴彦浩特镇、乌海市和乌兰浩特市。

综上所述,内蒙古夏季的城市热岛效应最强,其次是冬季,春秋两季无明显变化规律。从城市热岛分布来看西部偏东地区的城市热岛效应最明显,其次是中部地区。东部地区的城市夏季 6 月、7 月、8 月城市热岛效应强度＜2.5 ℃,根据《城市园林绿化评价标准》满足生态园林绿化Ⅰ级评价标准,中部和西部地区存在城市热岛效应强度＞3 ℃的城市。

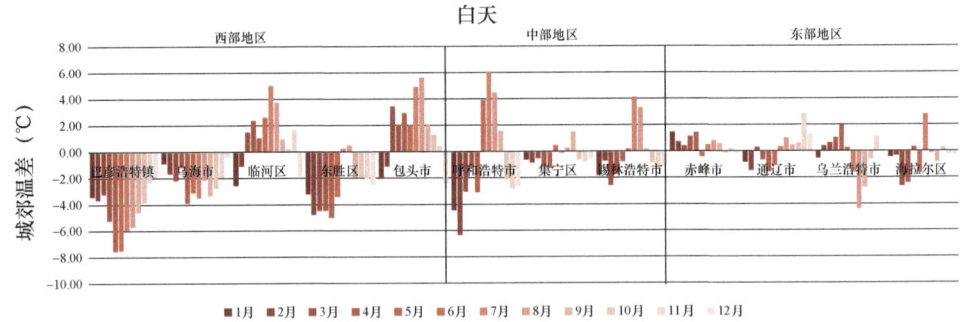

图 2.7　2018 年白天内蒙古城郊温差月均值图

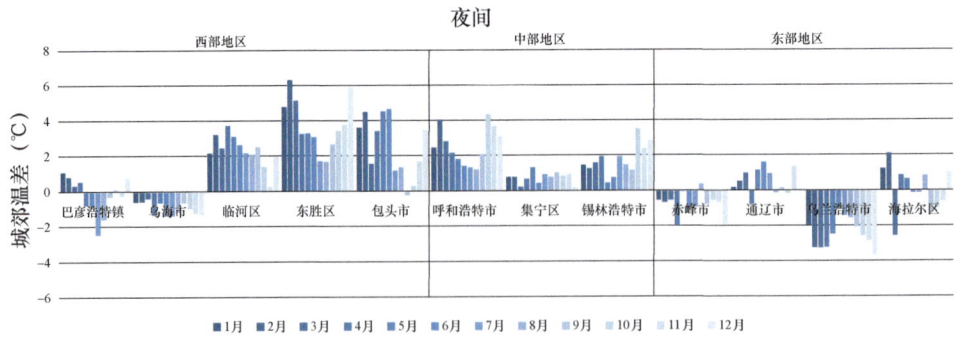

图 2.8　2018 年夜间内蒙古城郊温差月均值图

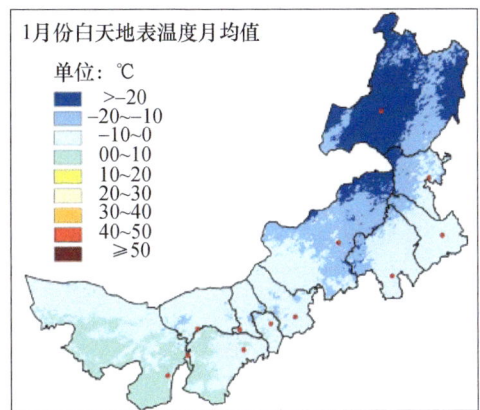
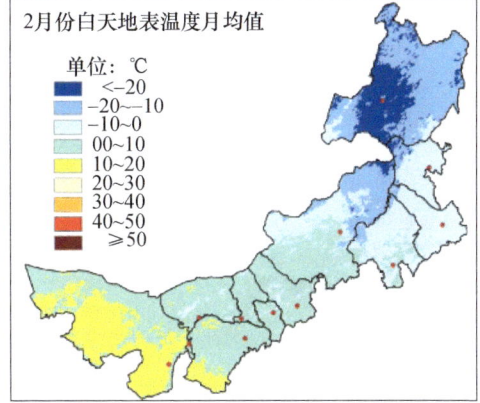
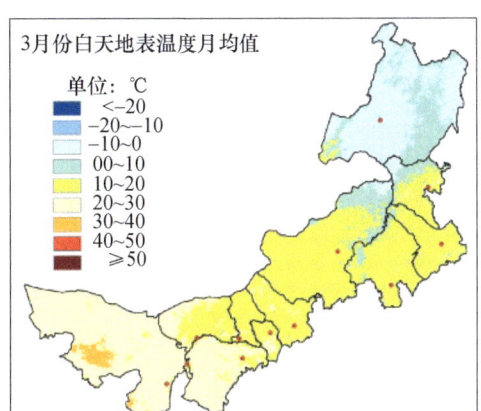
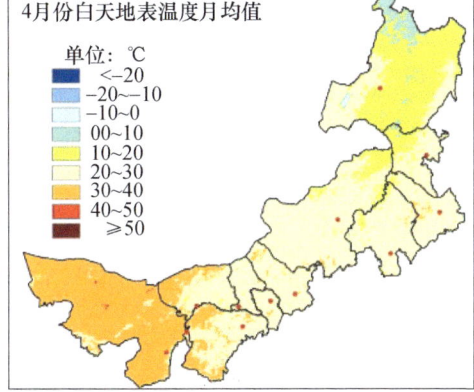
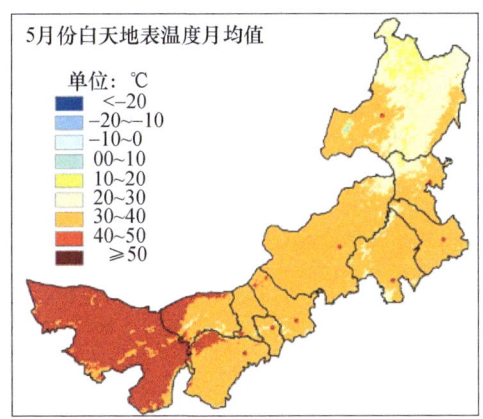
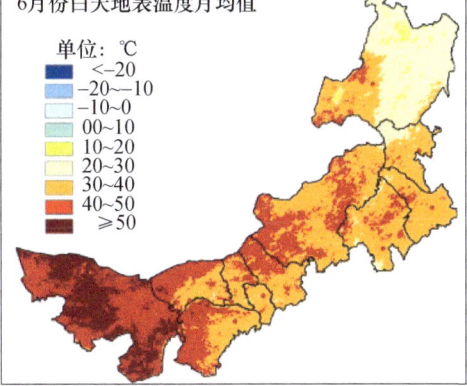

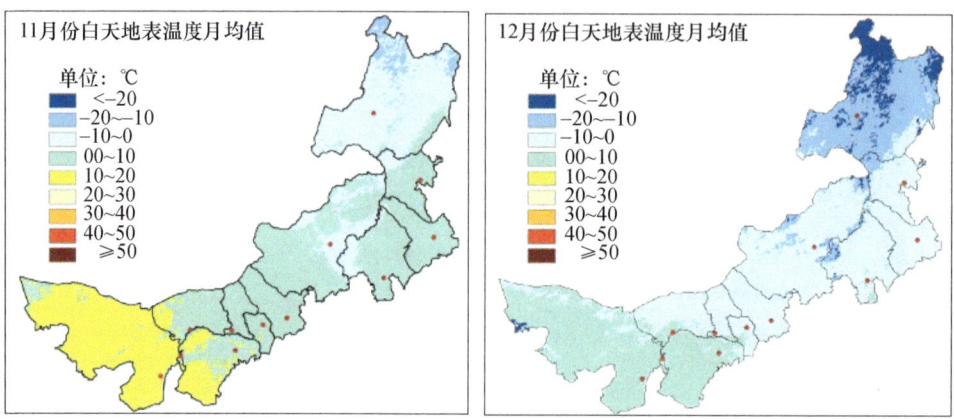

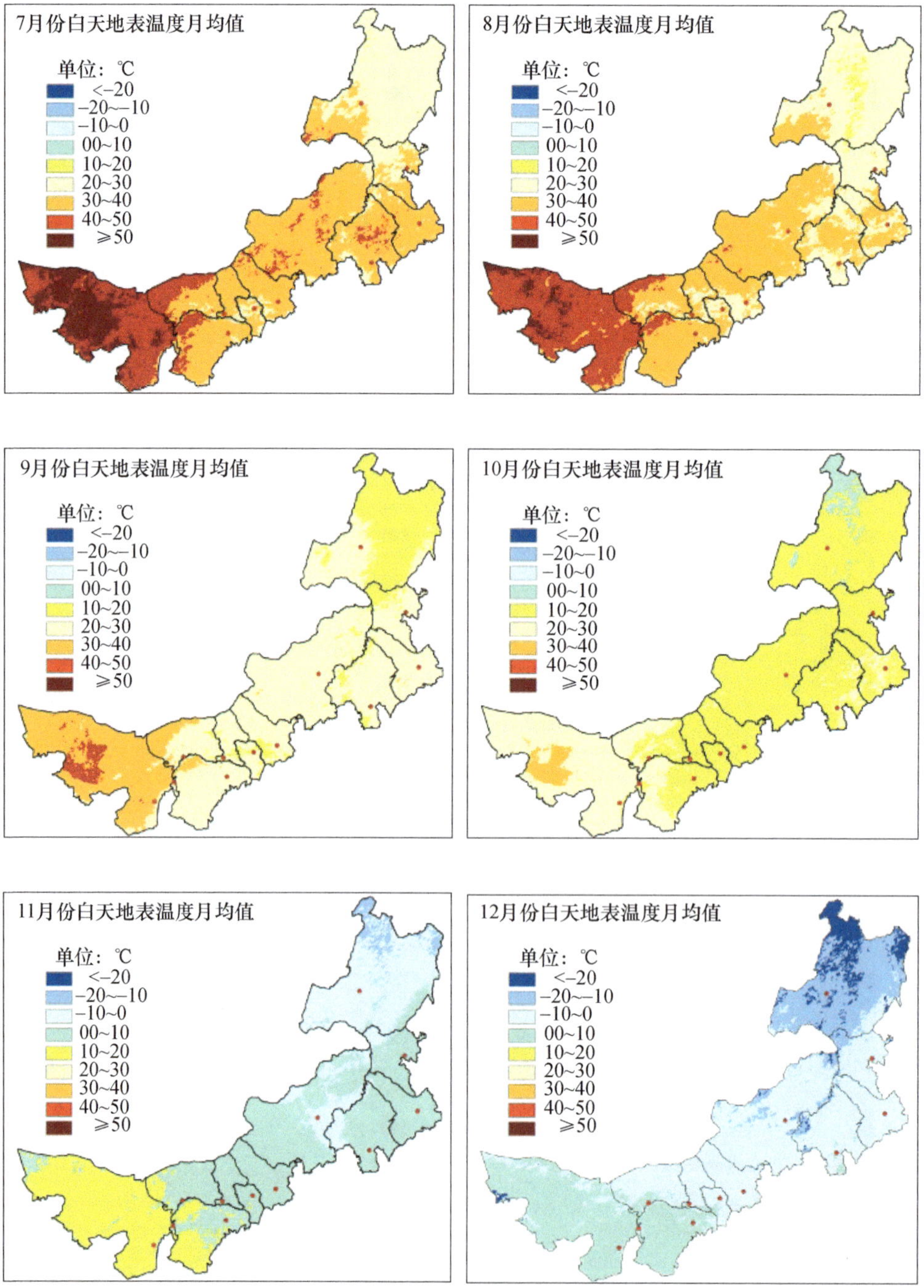

图 2.9　2018 年内蒙古白天地表温度月均值时空分布

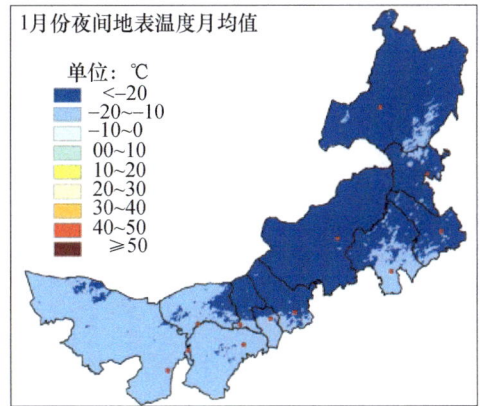
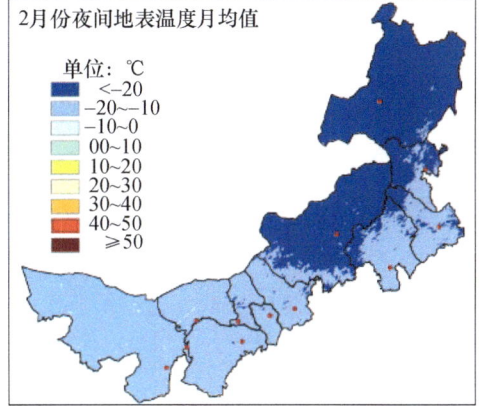
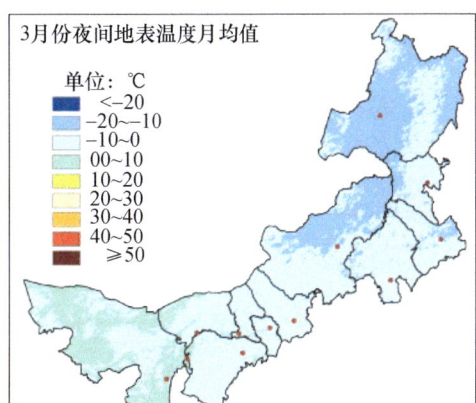
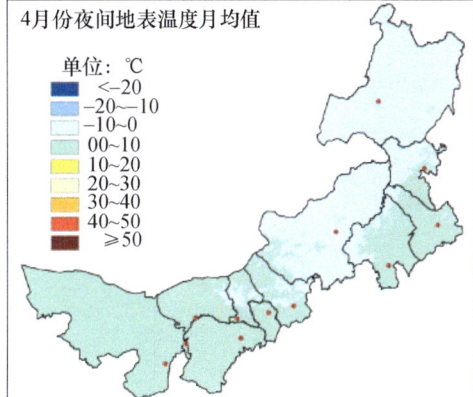
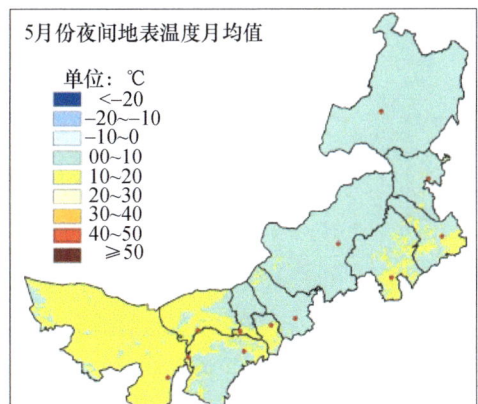
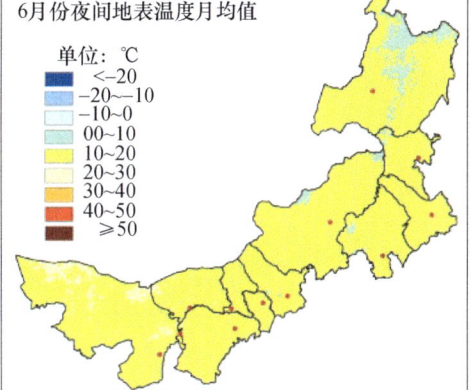

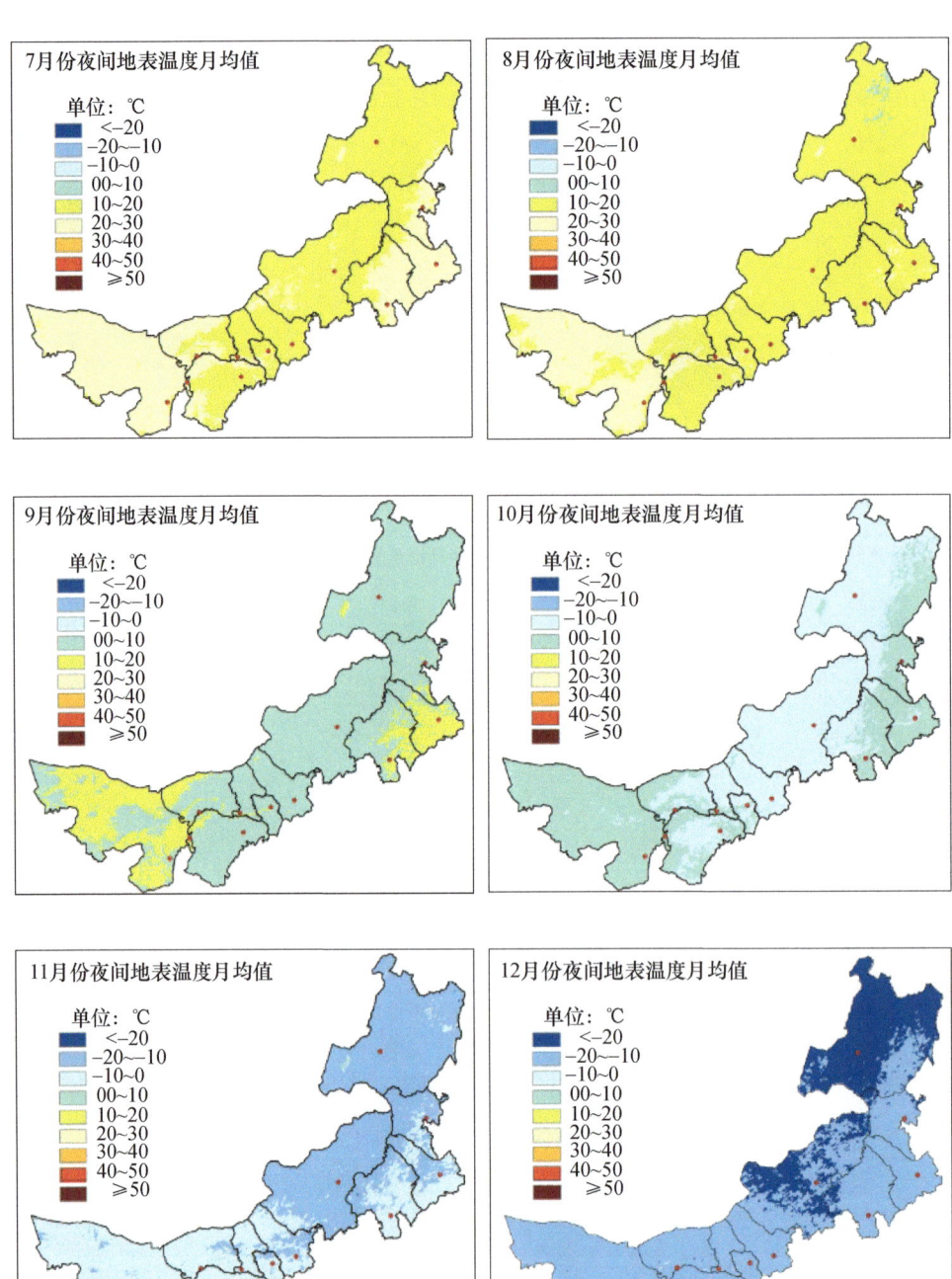

图 2.10 2018 年内蒙古夜间地表温度月均值时空分布

2.3.2 城市热岛(冷岛)日变化

由于内蒙古春秋多大风、沙尘天气,致使地表热量不易堆积,气温日变化波动幅度大,城郊温度易受天气因素影响,故重点讨论夏冬两季城市热岛日变化。从 2018 年夏季城郊温差日变化来看(图 2.11a),城郊温差浮动最大的是中部地区,在 −0.26~3.25 ℃浮动。浮动最小的是西部地区,在 −1.12~0.10 ℃浮动。中部地区一天内的城市热岛效应变化明显,01 时至 05 时间显著上升,城市热岛效应最强时间出现在清晨 05 时,强度为 3.25 ℃,城市热岛等级表现是较强热岛效应,05 时至 11 时呈下滑趋势,11 时之后在 0.25 ℃处浮动,不存在热岛效应。东部地区在 03 时至

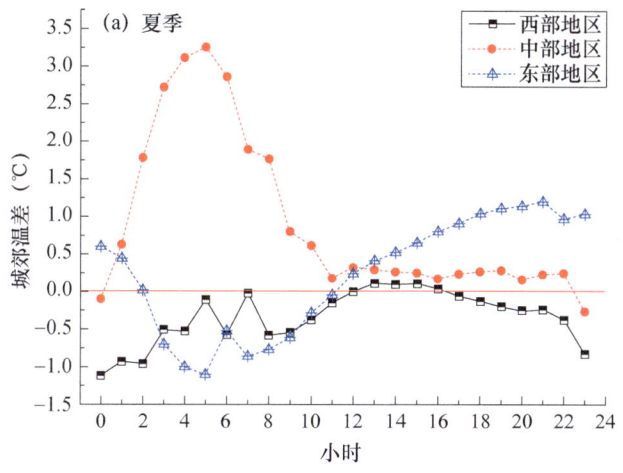

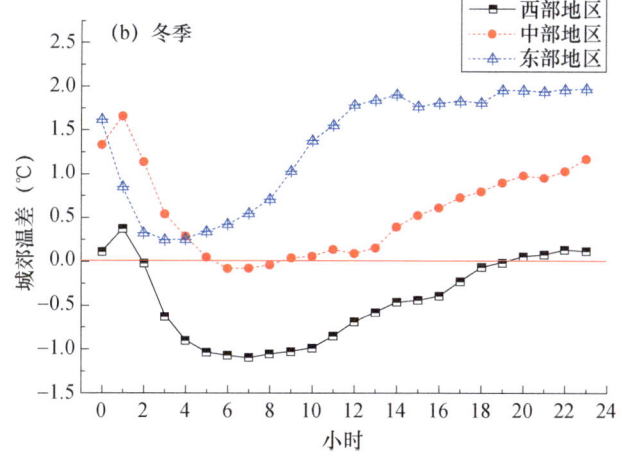

图 2.11 内蒙古城郊温差日变化

11时表现为冷岛效应,18时至23时出现弱热岛效应。而西部地区不存在城市热岛日变化,城郊温差最大值出现在13时0.10 ℃,无热岛现象发生。

从2018年冬季城郊温差日变化来看(图2.11b),冬季城郊温差日变化比夏季大,且冬季城市热岛日变化明显。其东部地区从04时至12时,城市热岛呈现快速增强状态,12时至23时基本保持稳定,同时此时间段为城市热岛效应最强时期,最大值出现在23时,热岛强度等级为弱热岛效应。中部地区在02时至06时热岛效应显著减弱,深夜23时至02时易出现热岛效应。西部地区在02时至19时是冷岛效应,其余时间城郊温差小于0.5 ℃。因此日变化最强的是东部地区,其次是中部地区,西部地区基本没有出现城市热岛日变化。

综上所述,城市热岛效应易出现在午后和夜间,夏季中部地区是例外,其热岛效应出现在清晨。

2.3.3 城市热岛(冷岛)成因分析

(1)城市人口密度

根据内蒙古夜间灯光影像资料显示,灯光显示人口密集程度和分布状况。根据表2.3看出市区的人口活动强度比其周围郊区大,不同的城市人口密集程度不同。人口最为密集的是呼和浩特市,这印证了其夏季7月城市热岛为全区最强。市区夜间灯光指数(DN)最弱的是巴彦浩特镇,人口较为稀少,其2018年整年都未出现热岛效应,这样的城市还有乌海市、乌兰浩特市。由此城市热岛效应与城市人口密度存在一定关联。

表2.3 内蒙古夜间灯光影像资料

区域	城市	市区DN	郊区DN
西部地区	巴彦浩特镇	15.40	0
	乌海市	23.34	3.69
	临河区	38.02	1.89
	东胜区	57.96	0.02
	包头市	73.82	1.72
中部地区	呼和浩特市	100.43	1.32
	集宁区	37.28	0.77
	锡林浩特市	42.45	1.21
东部地区	赤峰市	24.63	0.79
	通辽市	67.53	0.59
	乌兰浩特市	39.28	0.01
	海拉尔区	48.61	2.86

(2) 城市下垫面性质的改变

近几年随着工业的不断发展,城市建成区的扩张,致使城市下垫面性质改变,自然土地变为铺装地面,引发城乡下垫面性质差异显著。同时城市绿地面积的减少,形成一定的城市小气候,促使了城市热岛效应的产生。

综上,城市热岛效应主要和城市建成区大小、城市人口密度、城市下垫面性质等情况相关。

第3章 农田生态系统

农业气候资源特征为农田生态评估的重要指标,包括稳定通过界限温度的初日、作物生长季有效积温和累计降水量及距平等,可以反映水热条件在主要农区的分布状况及对作物生长的满足程度。农气适宜度综合考虑温度、降水和日照,判断当季气候是否适合作物生长。农气适宜度越接近1,表明监测时段内的农气条件越适宜作物生长;越接近0,农气状况越不适宜作物生长。

3.1 农业气候资源特征

3.1.1 稳定通过界限温度的初日

稳定通过 0 ℃初日分布表明(图 3.1),2018 年春季内蒙古西部偏南稳定通过 0 ℃初日在 2 月下旬,西部偏北、中部偏南、东部偏东地区于 3 月上中旬通过,中东部

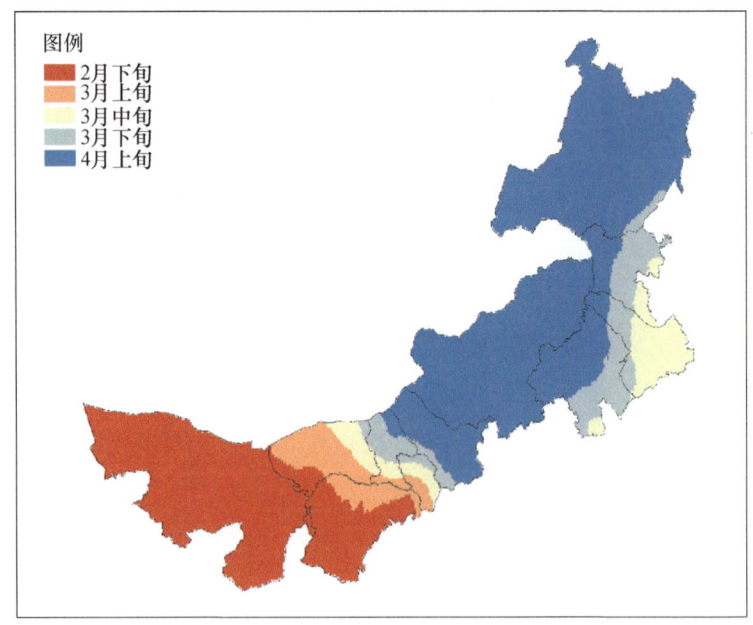

图 3.1 内蒙古 2018 年稳定通过 0 ℃初日分布

大部地区于 3 月下旬至 4 月上旬通过。与历年相比(图 3.2),包头市北部、乌兰察布市西部、赤峰市南部、通辽市西部、兴安盟西部、呼伦贝尔市偏早 5 d 以内,西部偏东、中部偏南、东部偏东地区偏早 5~15 d,西部大部地区偏早 15 d 以上,利于小麦适期早播。

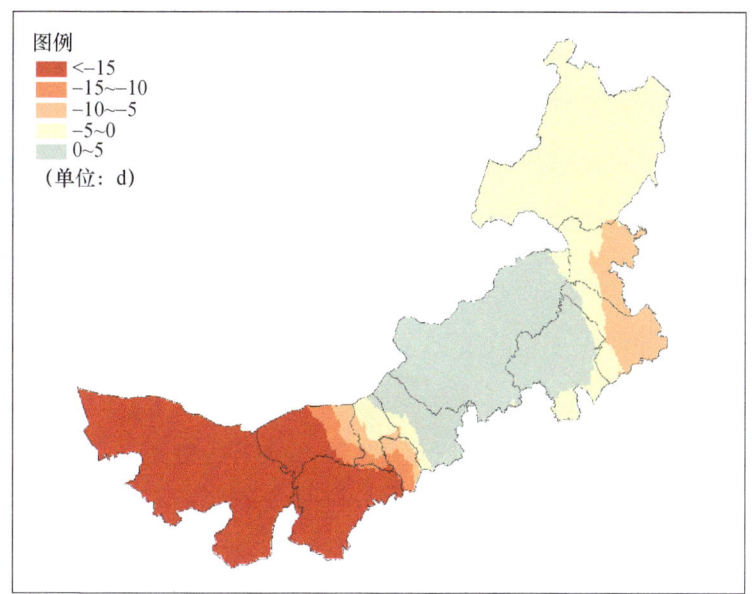

图 3.2　内蒙古 2018 年稳定通过 0 ℃初日距平

稳定通过 10 ℃初日分布表明(图 3.3),中西部大部、东部偏南、东北部偏南于 4 月中下旬气温稳定通过 10 ℃,东北部大部及锡林郭勒盟大部于 5 月上中旬通过。与

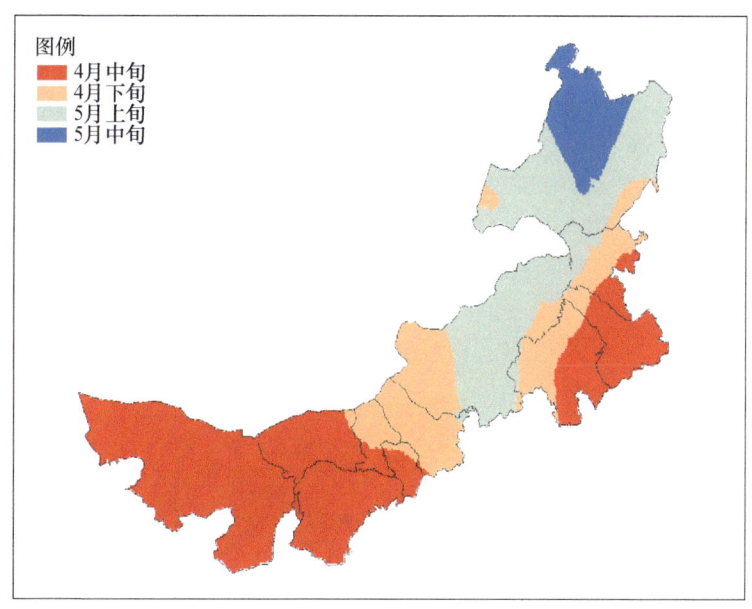

图 3.3　内蒙古 2018 年稳定通过 10 ℃初日分布

历年相比(图 3.4),大部地区偏早 10～24 d,阿拉善盟中西部和呼伦贝尔市北部偏早 10 d 以内,利于玉米、马铃薯和大豆适期播种。

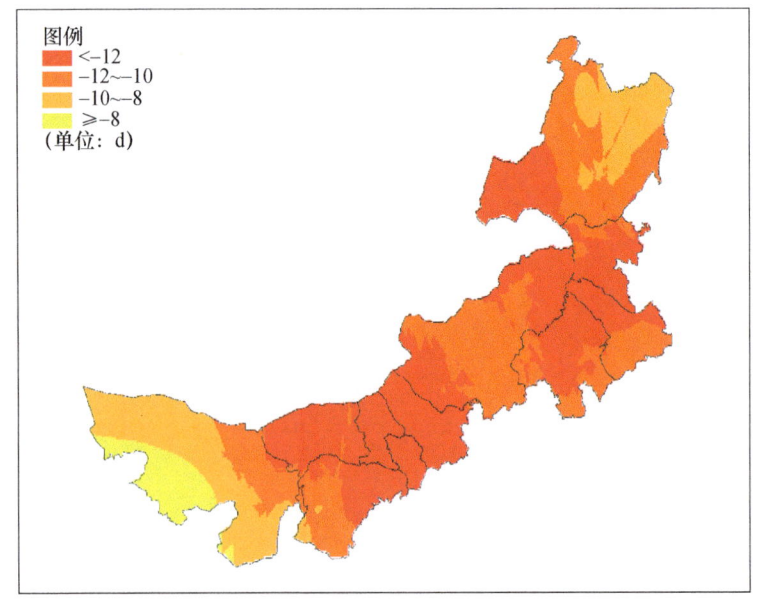

图 3.4　内蒙古 2018 年稳定通过 10 ℃初日距平

3.1.2　大于等于 10 ℃有效积温

全区作物生长季热量分布存在较强的地带性(图 3.5)。呼伦贝尔市大部、兴安盟西北部较为冷凉,大于等于 10 ℃有效积温不足 1200 ℃·d,西部偏东、中部地区、东部部分地区大于等于 10 ℃有效积温为 1200～1600 ℃·d,阿拉善盟、巴彦淖尔市西部、鄂尔多斯市西部、赤峰市东部、通辽市大部为 1600 ℃·d 以上,热量资源较为充沛。与历年相比(见图 3.6),东部偏西至乌兰察布市一带偏高 150～278 ℃·d,其余大部地区偏高 11～148 ℃·d,良好的温度条件为全年作物生物量积累和产量提高提供了保障。

3.1.3　生长季降水分布

从全区 5—9 月降水量分布来看(图 3.7),中西部偏北、东北部偏西降水较少,累计雨量为 58～300 mm,中西部偏南、东部大部累计雨量为 300～500 mm,其中,呼伦贝尔市东部、兴安盟东北部达 518～720 mm。与历年同期相比(图 3.8),西部地区、中部偏北、东部部分地区偏多 25%～291%,中部偏南、赤峰市北部、通辽市中部、兴安盟北部、呼伦贝尔市中西部偏多25%以内,其余农区偏少25%以内。作物生长季内,大部农区降水正常或偏多,为秋收作物生长创造了有利的水分条件。

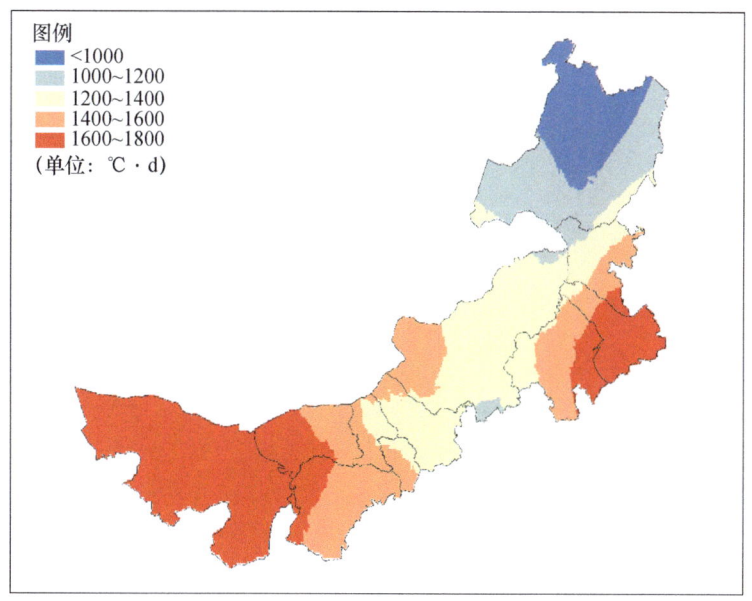

图3.5 内蒙古2018年5—9月大于等于10 ℃有效积温

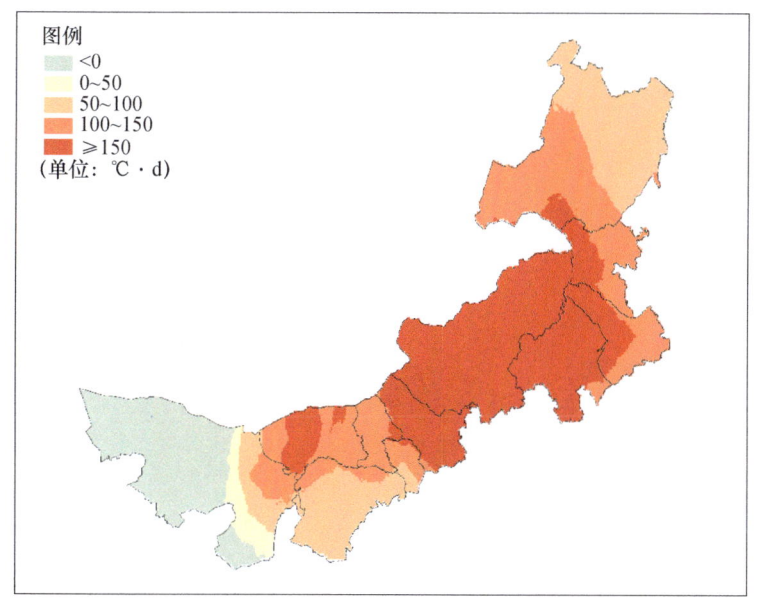

图3.6 内蒙古2018年5—9月大于等于10 ℃有效积温距平

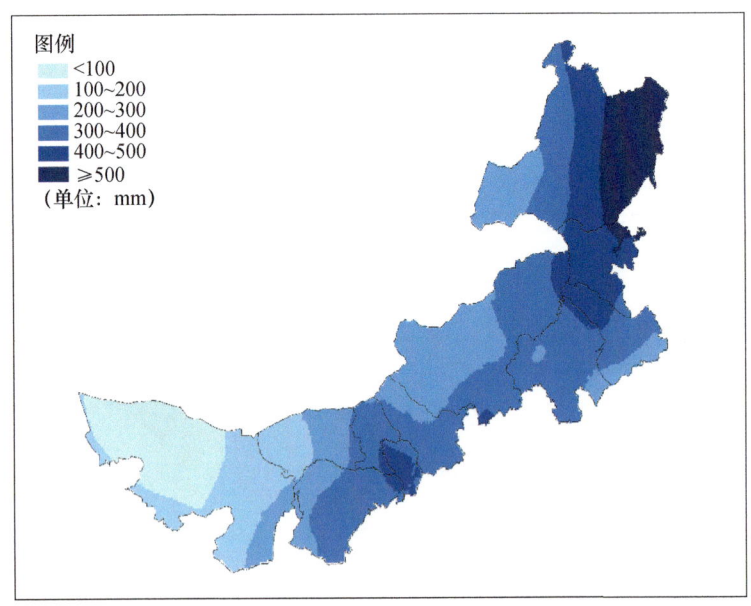

图 3.7 内蒙古 2018 年 5—9 月累计降水量

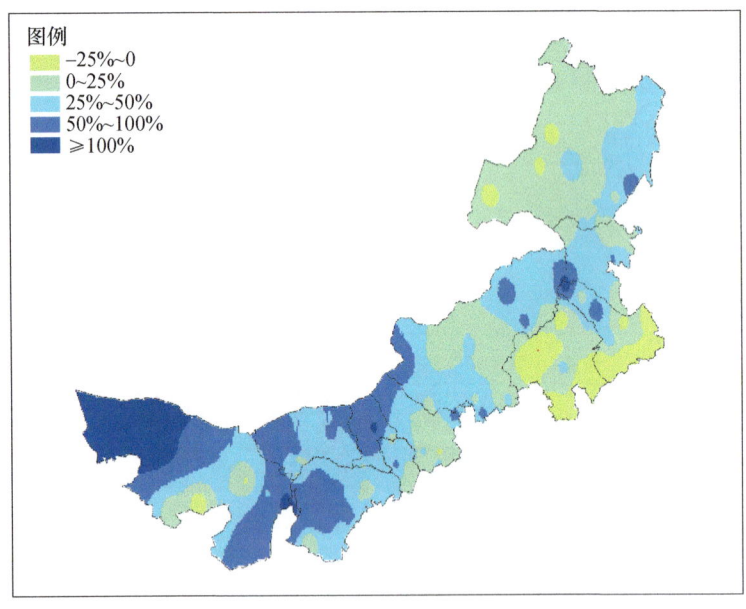

图 3.8 内蒙古 2018 年 5—9 月累计降水量距平百分率

3.2 农气适宜度

利用2018年5—9月的气温、降水和日照数据,计算了主要农区玉米和马铃薯全生育期农气适宜度及与近5年平均的差值。

2018年,全区玉米平均农气适宜度为0.75(图3.9),河套灌区、土默川平原和西辽河平原大部温高光足,灌溉充分,生长季气候条件适宜玉米生长,处于农气适宜度高值区(0.80~0.98);阴山北麓大部、阴山南麓中段、燕山丘陵区、大兴安岭南麓光温水匹配良好,农气适宜度处于较好的状态(0.70~0.80);大兴安岭北麓、乌兰察布市中南部地区气温和降水适宜度偏低且为雨养农业区,抗旱能力较差,导致农气适宜度相对较低(0.58~0.70)。与近5年平均相比(2013—2017年)(图3.10),河套灌区北部、阴山北麓东段、燕山丘陵区北部、大兴安岭北麓及南麓偏北地区偏高(0.03~0.14),其余大部农区接近近5年平均值(-0.03~0.03),呼和浩特市中部南部、赤峰市南部偏低(-0.06~-0.03)。2018年,全区玉米平均农气适宜度高于近5年平均值(0.72),利于玉米生长发育和产量增长。

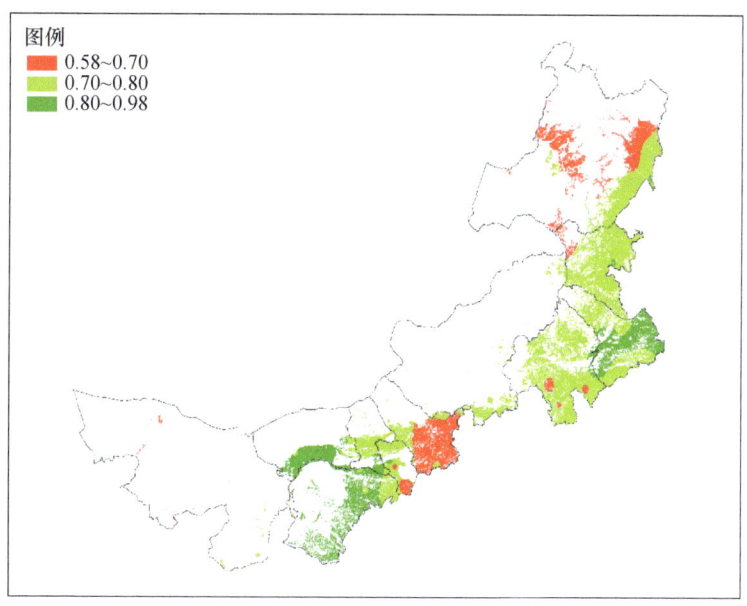

图3.9 内蒙古2018年玉米全生育期农气适宜度

2018年,全区马铃薯平均农气适宜度为0.63(图3.11),鄂尔多斯市东南部、呼伦贝尔市、兴安盟北部气候适宜,农气适宜度处于高值区(0.70~0.80),河套灌区、阴山北麓、阴山南麓东段、燕山丘陵区大部、西辽河平原中部光温水匹配较好,农气适宜度低于高值区(0.60~0.70),鄂尔多斯市东部、包头市南部、呼和浩特市中南

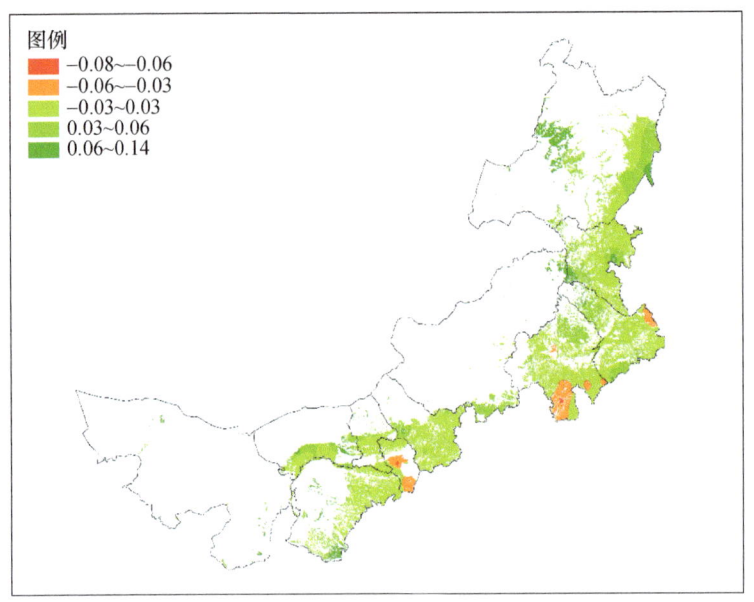

图 3.10　内蒙古 2018 年玉米全生育期农气适宜度与近 5 年平均的差值

部、赤峰市东南部、通辽市南部农气适宜度相比其他区域偏低(0.29～0.60)。与近 5 年平均相比(图 3.12),包头市北部、大兴安岭南麓大部农气适宜度偏高(0.03～0.13),河套灌区西部、阴山南麓大部、燕山丘陵区南部、西辽河平原大部偏低(－0.11～－0.03),其余农区接近近 5 年平均值(－0.03～0.03);2018 年,全区马铃薯平均农气适宜度接近近 5 年平均值(0.63),对马铃薯产量稳定提高较为有利。

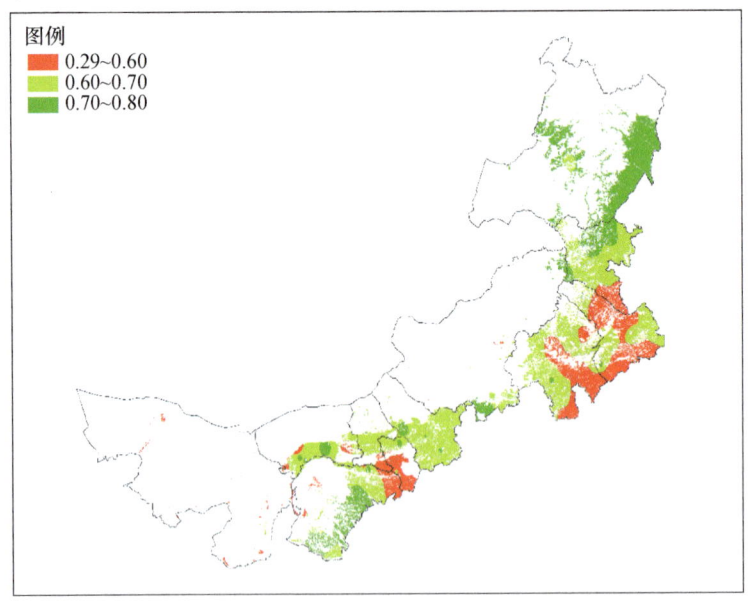

图 3.11　内蒙古 2018 年马铃薯全生育期农气适宜度

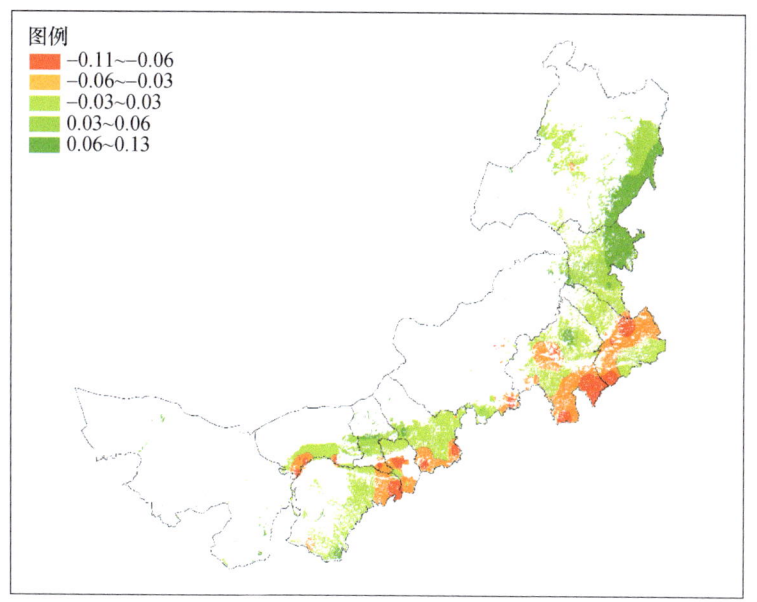

图 3.12　内蒙古 2018 年马铃薯全生育期农气适宜度与近 5 年平均的差值

第4章 森林生态系统

森林生态系统作为陆地生态系统的主要组成部分,其对气候变化的响应对于维持生态系统的平衡有十分重要的作用,森林生态系统的改变必然会对人类的生存和发展带来深远的影响。因此,保护森林生态系统健康,促进森林生态系统的良性循环,对于经济、社会和环境的可持续发展是至关重要的。报告从森林资源(森林总量、造林面积、造林气象条件)和植物物候(变化特征、气候成因)两个方面来评估2018年森林生态系统。

4.1 森林资源动态变化

4.1.1 森林总量变化分析

2018年全区森林面积2614.9万 hm^2,较上一次森林资源清查净增127万 hm^2,森林覆盖率由21.03%上升到22.10%,提高了1.07个百分点(图4.1)。森林总量的持续增长和质量不断提高,森林生态功能进一步增强,全区森林植被总碳储量、年涵养水源量、年滞尘量都相应增大,固土保肥能力、吸收污染物能力等也相应增强。

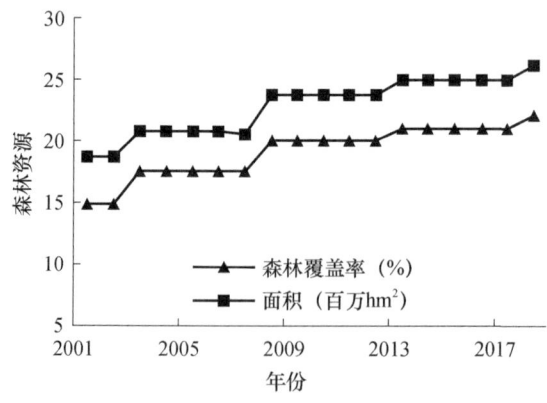

图4.1 2001—2018年内蒙古森林资源变化

4.1.2 营造林面积变化分析

1950—2018 年,全区造林面积呈波动上升趋势,2018 年完成营造林面积 85.2 万 hm^2,较历年(1950—2018 年)平均偏多 45.88 万 hm^2(图 4.2)。随着人工林的快速发展,能够更有效地蓄水保土、防风固沙、防止水土流失和河流淤积,也能够调节气候、减少污染,美化环境。

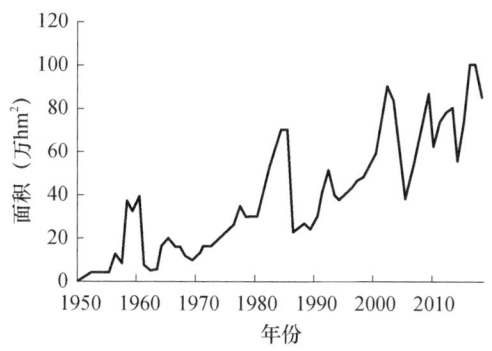

图 4.2　1950—2018 年内蒙古造林面积变化

注:图 4.1、图 4.2 数据来源于内蒙古自治区统计局

4.1.3 春季造林气象条件评述

春季土壤化冻后到树木发芽前正处树木休眠期,蒸腾量小,消耗水分少,栽后容易达到地上、地下部分的生理平衡,同时土壤化冻返浆,水分充足,利于成活。根据土壤 20 cm 地温达到 5 ℃以上、土壤解冻 0.8 m 以上或者完全解冻区来划分春季造林适宜区。2018 年全区自西向东,从 3 月上旬至 5 月上旬,逐渐满足当地春季造林的热量条件。

4.2 植物物候期变化

4.2.1 基本特征

基于内蒙古农牧业气象观测站物候数据,资料时段 1980—2018 年(最晚开始年份 1994 年),以内蒙古地区广泛分布的树种榆树为研究对象,选取春季物候期花芽开放期(15个站)、展叶始期(12个站),秋季物候期叶完全变色期(11个站)、落叶末期(7个站)。

2018年榆树物候期,整体来看,春季物候期较历年平均提前,秋季物候期较历年平均推迟。花芽开放期集中在3月中旬至4月下旬,较历年提前6~32 d(11个站提前),展叶始期集中在4月中旬至5月中旬,较历年平均提前1~22 d(10个站提前);叶完全变色期集中在9月下旬至10月下旬,较历年推迟1~15 d(5个站推迟),落叶末期集中在10月中旬至11月上旬,较历年推迟2~12 d(4个站推迟)。2018年榆树平均生长季长度(花芽开放期至落叶末期)为199 d,较历年平均延长9 d(图4.3)。生长季长度的延长对年累积总初级生产力有一定贡献,春季物候期的提前对上半年森林生态系统总初级生产力的贡献更为突出,秋季物候期的推迟对森林生产力的提高也有一定作用。

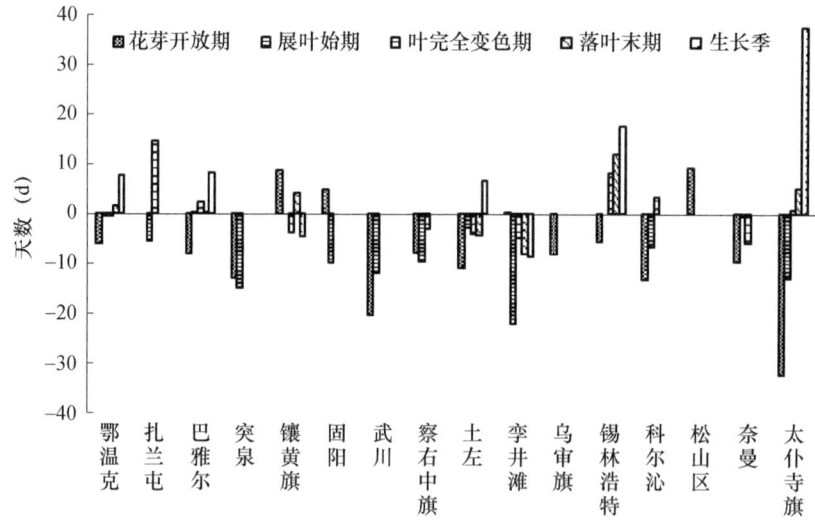

注:正值为物候期推迟(生长季延长)天数,负值为物候期提前(生长季缩短)天数

图4.3 不同台站各物候期及生长季长度变化

4.2.2 气候成因分析

2017/2018年冬季(2017年12月至2018年2月)全区平均气温为-13.2 ℃,定量评价结果为正常;2018年春季(3—5月)全区大部地区偏高1~4 ℃,春季平均气温全区平均为9.3 ℃,比历史同期平均值偏高2.7 ℃,为1961年以来同期最高,全区定量评价结果为明显偏高。2018年秋季(9—11月)全区平均气温与历史同期(1981—2010年)平均值相比,大部地区均偏低或接近常年,秋季平均气温全区平均为5.1 ℃,与历年平均值持平,定量评价结果为正常;秋季全区日照时数集中在499.6~

850.7 h,与历史同期平均值相比,全区大部地区接近常年。

春季物候期多与上年冬季和当年春季平均气温呈显著负相关,气温越高,物候期提前趋势越明显。秋季物候期与平均气温呈显著正相关,气温越高,秋季物候期推迟趋势越明显,与秋季日照时数呈显著负相关,日照时数越少,秋季物候期推迟越明显(王连喜 等,2010;杨丽萍 等,2017)。2017/2018年冬季气温接近常年,春季气温明显偏高、秋季气温接近常年,秋季日照时数接近常年,因此榆树物候整体表现为春季明显提前,秋季略有推迟,生长季长度相对延长。气候变化影响到植物的物候,影响着森林生产力状况,最终将影响森林生态系统的结构和物种组成的改变。

第 5 章 草地生态系统

5.1 天然牧草物候气象条件评述

5.1.1 天然牧草生长季长度空间分布特征

(1)生长季长度呈现由东向西逐渐增加的趋势

据内蒙古自治区气象局生态监测站观测数据分析,2018年内蒙古天然牧草生长季长度的空间分布特征呈现由东向西逐渐增加趋势,且东、中、西部草地之间的牧草生长季长度具有明显的空间差异。2018年内蒙古自治区东四盟市大部和锡林郭勒盟大部草地牧草生长季介于3~5个月(109~150 d);西部大部草地牧草生长季为5~6个月(151~196 d),其中锡林郭勒盟二连浩特市牧草生长季较短,为109 d;鄂尔多斯市鄂托克前旗最长,达196 d,详见图5.1。

(2)不同类型草地牧草生长季长度具有显著差异

内蒙古自治区草地类型分布特征为,由东至西分别为草甸草原、典型草原和荒漠草原。受分布地带的区域性气候条件和地形地貌局域性条件的影响,2018年不同类型草地牧草生长季长度存在显著差异,由草甸草原向荒漠草原依次增加。其中,草甸草原平均天数为136(121~152)d,典型草原平均天数为145(117~191)d,荒漠草原平均天数为160(109~196)d。

5.1.2 天然牧草返青期时空分布特征

受入春以来大部牧区气温偏高、降水持续偏少影响,2018年内蒙古自治区大部牧区牧草返青偏晚于常年。据内蒙古自治区气象局生态监测站观测数据分析,内蒙古天然牧草返青期空间分布特征为西南向东北依次返青,其空间分布格局与区域温度变化密切相关。受入春以来大部牧区气温偏高、降水持续偏少影响,2018年鄂尔多斯市中南部大部牧区由于热量条件好,牧草于3月下旬返青;4月后,牧区气温继续偏高2~3 ℃,西部、中部偏南及东部偏南大部牧区牧草在4月返青,中部偏北及东部大部牧区牧草在5月返青;赤峰市部分牧区受干旱影响,牧草未返青。

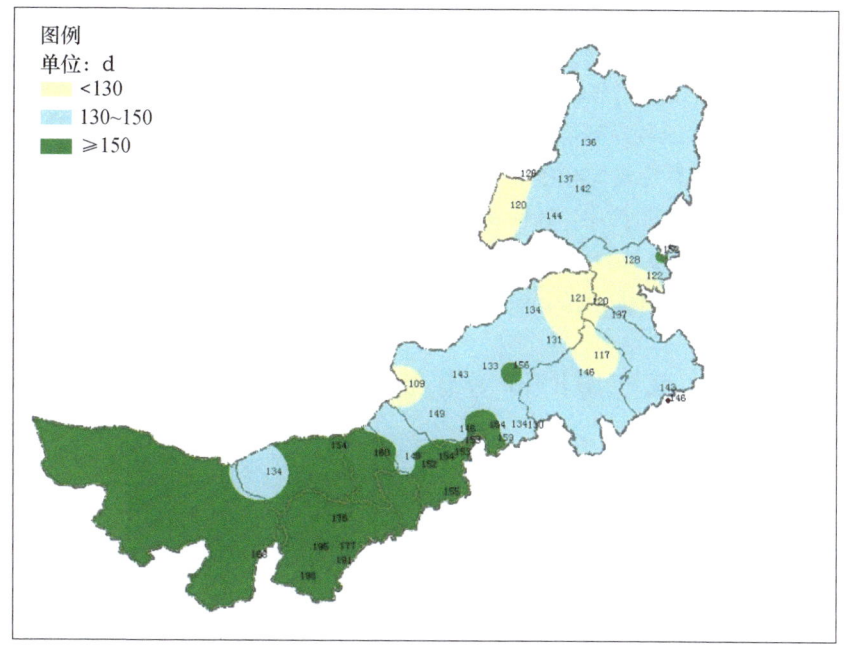

图 5.1 内蒙古天然草地 2018 年牧草生长季长度分析

5.1.3 天然牧草黄枯期时空分布特征

据内蒙古气象局生态监测站观测数据分析,2018 年内蒙古天然牧草黄枯期时空分布特征为由东北向西南逐步推进的趋势。大部牧区牧草黄枯期集中在 9、10 月份,分别占草原牧区 79% 和 19%。9 月份黄枯主要分布在中东部大部牧区,10 月份主要分布在西部牧区。

5.2 天然牧草产量时空分布特征

5.2.1 天然牧草产量空间分布特征

(1) 产量呈现东高西低,中部居中的特征

据内蒙古自治区气象局生态监测站观测数据分析,2018 年内蒙古草原不同区域牧草产量的空间分布特征为东高西低,中部居中的特点。其中,东部草原区最高,其次为中部,最低为西部,其空间分布格局与 2018 年大部草原地区降水变化密切相关。东部、

中部和西部草原牧草产量（鲜重）分别为 3582 kg/hm²、2491 kg/hm² 和 1370 kg/hm²；与同区域近 10 年牧草产量均值相比，变幅分别为 78 kg/hm²、-276 kg/hm² 和 -218 kg/hm²，东部牧区明显偏高于近 10 年，中西部牧区偏低于近 10 年。

（2）不同类型草地牧草产量具有显著差异

据内蒙古自治区气象局生态监测站观测数据分析，2018 年内蒙古不同类型草地牧草产量差异显著。其中，草甸草原、典型草原和荒漠草原牧草产量（鲜重）分别为 4340 kg/hm²、2702 kg/hm²、1380 kg/hm²，均明显偏高于 2017 年。与同类型草地近 10 年牧草产量均值相比，变幅分别为 -318 kg/hm²、-80 kg/hm² 和 312 kg/hm²。

5.2.2　天然牧草产量时间变化特征

分析 2018 年度内蒙古自治区不同月份三个类型草地牧草产量月份动态变化可知，不同类型草地均呈现单峰曲线变化趋势，峰值出现在 6—8 月份，谷值则在 1—4 月份。草甸草原区：1—4 月是植被休眠期，草地植被月平均产量（鲜重）均低于 100 kg/hm²；在 4—5 月植被快速生长期，草地植被月平均产量（鲜重）升高到 57～291 kg/hm²；在 6—8 月植被生长稳定期，草地植被月平均产量（鲜重）达到峰值 2077～5167 kg/hm²。在 9—12 月植被衰退期，草地植被月平均产量（鲜重）快速下降到 100 kg/hm² 左右；典型草原区：1—4 月植被休眠期，草地植被月平均产量（鲜重）均低于 100 kg/hm²；在 4—5 月植被快速生长期，草地植被月平均产量（鲜重）升高到 69～642 kg/hm²；在 6—8 月植被生长稳定期，草地植被月平均产量（鲜重）达到峰值 1048～3304 kg/hm²。在 9—12 月植被衰退期，草地植被月平均产量（鲜重）快速下降到 100 kg/hm² 左右；荒漠草原区：1—4 月植被休眠期，草地植被月平均产量（鲜重）均低于 100 kg/hm²；在 4—5 月植被快速生长期，草地植被月平均产量（鲜重）升高到 104～310 kg/hm²；在 6—8 月植被生长稳定期，草地植被月平均产量（鲜重）达到峰值 419～1898 kg/hm²。在 9—12 月植被衰退期，草地植被月平均产量（鲜重）快速下降到 100 kg/hm² 以下。

5.3　天然牧草植被盖度时空分布特征

5.3.1　天然牧草植被盖度空间分布特征

（1）区域植被盖度东、中部增加，西部降低

据内蒙古气象局生态监测站观测数据分析 2018 年内蒙古不同区域天然牧草植被盖度年最大值的空间分布特征发现，草地植被盖度由东向西逐渐降低。东部、中

部和西部天然草地植被盖度值分别为69%、59%和48%,东、中部较近10年均值分别增加了2个百分点和8个百分点,而西部降低了4个百分点。

(2)不同类型草地植被盖度无变化或增加

据内蒙古气象局生态监测站观测数据分析2018年内蒙古不同类型天然牧草植被盖度年最大值的空间分布特征发现,各类型草地植被盖度最大值之间存在显著差异。其中,草甸草原、典型草原和荒漠草原最大盖度值分别为69%、64%和46%,较近10年均值草甸草原无变化,典型草原和荒漠草原分别增加了9个百分点和8个百分点。

5.3.2 天然牧草植被盖度时间分布特征

分析2018年度内蒙古不同月份三个类型草地天然牧草植被盖度最大值月份动态变化产品可知,不同类型草地均呈现单峰曲线变化趋势,峰值出现在6—8月,谷值则在1—4月。草甸草原区:1—4月植被休眠期,草地植被月平均盖度均低于10%;在4—5月植被快速生长期,草地植被月平均盖度升高到10%～19%;在6—8月植被生长稳定期,草地植被月平均盖度达到峰值38%～73%。在9—12月植被衰退期,草地植被月平均盖度快速下降到10%左右;典型草原区:1—4月植被休眠期,草地植被月平均盖度均低于10%;在4—5月植被快速生长期,草地植被月平均盖度迅速升高到20%～34%;在6—8月植被生长稳定期,草地植被月平均盖度达到峰值40%～69%。在9—12月植被衰退期,草地植被月平均盖度快速下降到10%左右;荒漠草原区:1—4月植被休眠期,草地植被月平均盖度均低于10%;在4—5月植被快速生长期,草地植被月平均盖度升高到11%～20%;在6—8月植被生长稳定期,草地植被月平均盖度达到峰值21%～58%。在9—12月植被衰退期,草地植被月平均盖度快速下降到10%左右;

5.4 内蒙古草原生态退化趋势

据2018年与2008—2017年近10年内蒙古气象局生态监测站观测数据对比分析,内蒙古草原生态呈现出退化趋缓、局部好转的态势。其中,东部大部草原牧草产量(鲜重),较近10年平均值增加了357～1933 kg/hm²;西部草原牧草产量(鲜重)减少了167～2198 kg/hm²;中部草原牧草产量(鲜重)减少了162～3998 kg/hm²。近10年全区天然牧草植被盖度平均值为53%,东部大部草原草群盖度较近10年均值增加了3%～29%;中部草原植被盖度比近10年均值提高了5%～53%;西部草原植被盖度接近近10年均值或比近10年均值减少了3%～31%。说明2018年内蒙古中东部大部草原有一定的恢复,而西部草地退化程度进一步加深。总之,经过10

年来草原保护与建设措施的实施,据估测,内蒙古已有30%以上的退化草地得到不同程度的恢复,大约有近1亿亩①轻度退化的草场得到了有效恢复。内蒙古草原资源数量呈增加趋势,草原生态正处于退化趋缓、局部好转的恢复起步阶段。但是,与20世纪80年代相比,内蒙古草原的质量有所下降,全区草原生态保护与恢复形势依然严峻。因此,分析评价内蒙古草地资源,为畜牧业生产及生态文明建设提供科学依据是开发建设内蒙古的一项十分重要的基础性工作,对于维持区域生态安全也具有重要意义。

5.5 内蒙古草原牧区牧事活动评述

近年来,内蒙古畜牧业积极转变生产方式,加快牲畜养殖标准化、规模化进程,建设现代型畜牧业发展步伐不断加快,牧区生态家庭牧场建设向纵深推进,稳定养殖规模,提高个体单产,提升草原品牌核心竞争力;在畜种发展上,奶牛正在步入发展转型期,推广应用标准化适度规模养殖模式,加大粪污处理和适用技术的研发推广;肉牛、肉羊重点加大对母畜繁育大户的扶持,突出抓基础母畜标准化畜群建设,提高规模养殖比重。在组织形式上,牧区大力推进草牧场规范流转,整合畜牧业生产资料,引导扶持养殖能手向专业大户、联户、合作社等形式的家庭牧场方向发展;但是,内蒙古草原畜牧业是在第一性生产(饲草、饲料)基础上进行的再生产。两次生产主要是在大自然中进行,仍基本上处于"靠天养畜"的状态,牲畜一年四季主要靠采食天然牧草为生。大部牧事活动如牲畜春、秋转场,夏、秋抓膘,冬、春产仔,夏天剪毛,秋、冬屠宰等都与天气气候息息相关(慈龙骏 等,1997)。因此根据当地的气候条件,合理安排各种牧事活动,不仅能充分利用气候和草场资源,还能使畜牧业生产获得更多的优质产品。内蒙古草原牧区牧事活动主要包括:大小畜配种、接羔保育、家畜抓膘、公畜去势、剪毛(抓绒)、药浴、打贮草和抗灾保畜等。

5.5.1 锡林郭勒盟牧区

锡林郭勒盟可利用天然草场面积18万km^2,占自治区的26.5%,是国家重要的畜牧业生产基地,长期以来草原畜牧业一直是锡林郭勒盟的支柱产业。锡林郭勒盟地区主要以天然放牧绵羊居多。山羊近些年养殖数量在减少,目前主要在西部地区(苏尼特左旗、苏尼特右旗、正镶黄旗、正镶白旗等)有少量养殖。近年来为了进一步优化调整畜群结构,在围封禁牧区域做出"压羊增牛、少养精养"的战略性调整,促进了畜牧业转型升级。随着畜牧业转型升级,近几年牛的养殖数量逐年增多,主要分

---

① 1亩=1/15 hm^2。

布在东部(东乌珠穆沁旗、西乌珠穆沁旗、乌拉盖)和南部(多伦、正镶蓝旗、阿巴嘎旗)牧区。

注意事项:锡林郭勒南北大概相差一个月的气候,所以南部牧事活动时间会提前或推迟,比如接羔等提前,打储草等推迟。提倡牧户"接冬羔、早春羔、早配种、早接羔,早断奶、早出栏"。

(1)大小畜配种:开始时间较去年偏晚20 d。锡林郭勒南部五个旗县接冬羔(过年以前接羔)和早春羔(3月21前接羔)比较多。西南部西苏旗、东苏旗南部接早春羔比较多。

(2)接羔保育:冬羔接羔时间一般为1月末至2月末,春羔3月初至4月初。锡林郭勒盟东部地区接春羔多,西部地区接冬羔多。2018年3月20至4月20进行,较去年偏晚25 d。

(3)牲畜抓膘:一般接羔后一个月,5月10日至7月15日、8月30日至10月20日,由于夏季干旱,两次牲畜抓膘均较去年偏晚10 d左右。

(4)公畜去势:一般在清明后去势。锡林郭勒盟北部牧区一般在5月1日以后,南部、西部4月20日左右开始(一般取决于两个因素,天气转暖和公羔接产以后45~60 d去势比较理想)。

(5)抓绒(剪毛):一般6月初至7月初,2018年6月1日至6月30日进行,接近2017年。

(6)药浴驱虫:2次,药浴为夏季、秋季各一次;驱虫为春季、秋季各一次。2018年春季驱虫4月10日,接近2017年。夏季药浴7月1日左右,接近2017年;秋季驱虫9月1日左右,接近2017年。秋季药浴9月10日左右进行,接近2017年(牧户驱虫、药浴相隔时间相隔半个月至20 d是正常的)。

(7)打贮草:从2017年开始,锡林郭勒盟政府规定北部牧区8月25日以后开始打草(牧草种子成熟后)。但锡林郭勒盟北部牧户一般都在8月中旬左右开始打草(传统习惯立秋开始打草),2018年8月15日至9月15日进行打草,较2017年开始时间偏晚10 d,储运时间集中于9月至10月份。锡林郭勒盟南部、西部牧区比北部推迟半个月左右,接近2017年。

(8)抗灾保畜:9月至10月进行储草,11月底至12月初开始补饲草,至来年4月前后结束。一般12月中旬至接羔结束前,同时补喂一些饲料。2018年半舍饲时间较常年对比有所推迟,主要原因是2018年冬虽然第一场、第二场降雪时间比较早,量比较大,但气温高,融化快,牧区半舍饲时间普遍推迟10 d以上。北部:牛12月20日左右开始,到6月1日以后,半舍饲时间长达160 d左右,羊等小畜半舍饲时间140 d左右;中部、南部、西南地区半舍饲时间推迟20 d左右,全舍饲时间较常年没有变化(365 d全舍饲)。2018年锡林郭勒盟为确保牲畜安全过冬度春,及时有效应对寒冬出现的突发灾情,积极采取有效措施,认真做好牲畜越冬饲料储备工作,抗灾保畜天数接近2017年。

5.5.2 赤峰地区

(1)大小畜配种：大畜集中上站配种，6月20日至9月30日左右，较2017年晚20 d左右，小畜配种在7月20日至9月20日左右，同2017年时间相差无几。

(2)接羔保育：舍饲的大致2月左右，半舍饲的大致集中在3、4月，接近2017年。

(3)家畜抓膘：8月10日至9月20日，受干旱影响较去年晚15 d左右。

(4)公畜去势：在3月中旬至4月初完成，接近2017年。

(5)抓绒（剪毛）：在6月中下旬，接近2017年。

(6)药浴驱虫：7月5日至8月5日完成第一次，9月1日至10月1日完成第二次，接近2017年。

(7)打贮草：打贮草在9月中下旬开始，开始时间较2017年偏晚1个月。

(8)抗灾保畜：普通年份在1—4月进行补饲，干旱年份冬、春两季需要补饲。2018年春季气温回升快，降水异常偏少，土壤墒情差，气象条件不利于天然草地牧草返青，造成牲畜饲草料紧张。6月至7月中旬，大部地区出现严重旱灾。7月下旬至8月，全市降水频繁，土壤墒情改善，干旱得以解除，对牧草快速生长非常有利。2018年降水前期较少，4月中下旬至5月上旬进行补饲。

2018年锡林郭勒盟主要气候特征是年平均气温偏高，年降水量偏多。牧事活动中抓绒剪毛和药浴驱虫时间接近2017年外，其余大部牧事活动时间偏晚于2017年；总体来看，2018年气候对锡林郭勒盟牧业生产影响利大于弊，牧业年景为平偏丰年。2018年赤峰市气温偏高，光照充足，降水偏少且时空分布不均。草原牲畜膘情较好，大小畜配种、家畜抓膘和打储草备荒时间偏晚，其余牧事活动时间接近2017年。总体来看，2018年气候条件对赤峰市草原牧区农牧业生产利大于弊，牧业年景属于平偏丰年份。

5.6 草原禁牧、休牧与轮牧气象条件评估

草原是内蒙古的生态主体，也是畜牧业发展的重要物质基础和牧民赖以生存的基本生产资料。由于近年来气候持续暖干化以及人为活动的加剧（草原开垦、超载过牧、滥采乱挖、违法征地等）共同影响下，草原植被遭到严重破坏，草原生态环境持续恶化，并已成为制约牧区经济可持续发展的主要"瓶颈"。总结国内外实践经验证明，禁牧、休牧、轮牧是实施草原保护、恢复草原生态和科学利用草原的综合配套措施。本节主要从2018年内蒙古地区春、夏、秋、冬季气候条件对牧草长势、畜牧业生产的影响分析入手，进一步阐述禁牧、休牧与轮牧对草原生态恢复、利用与建设的合理化建议。

5.6.1 春季气象条件

(1)气温

春季全区平均气温为 9.3 ℃,比历史同期(1981—2010 年)平均值高 2.7 ℃,比上年同期高 1.0 ℃,除东北部偏南地区接近常年外,全区大部地区偏高 1.2~4.0 ℃(昭和草原)(图 5.2)。

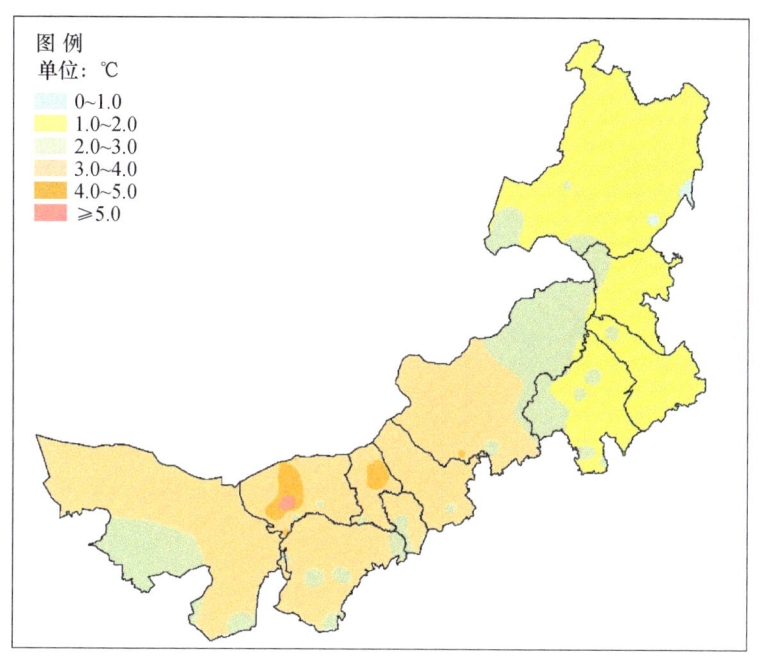

图 5.2 2018 年春季内蒙古平均气温距平

(2)降水

春季全区降水量在 2.7(巴音诺尔公)~124.4 mm(东胜区),其中,降水距平百分率-10%以下的地区主要分布在内蒙古自治区的阿拉善盟中东部、巴彦淖尔市、鄂尔多斯市西部、包头市北部、赤峰市、通辽市南部、呼伦贝尔市东北部地区。春季降水量全区平均值比历史同期(1981—2010 年)多 8.1 mm,比上年同期多 19.4 mm(图 5.3)。

(3)气象条件对禁牧、休牧的影响

受入春以来全区大部气温偏高影响,内蒙古牧区土壤解冻比常年偏早,促使牧草提早萌动返青。春季降水分布不均,主要集中在内蒙古鄂尔多斯大部、包头南部、呼和浩特、乌兰察布、锡林郭勒盟大部、通辽市中北部兴安盟和呼伦贝尔市西部和南部,对牧区牧草返青及正常生长、牲畜疾病防治、净化空气等十分有利。受 2017 年冬

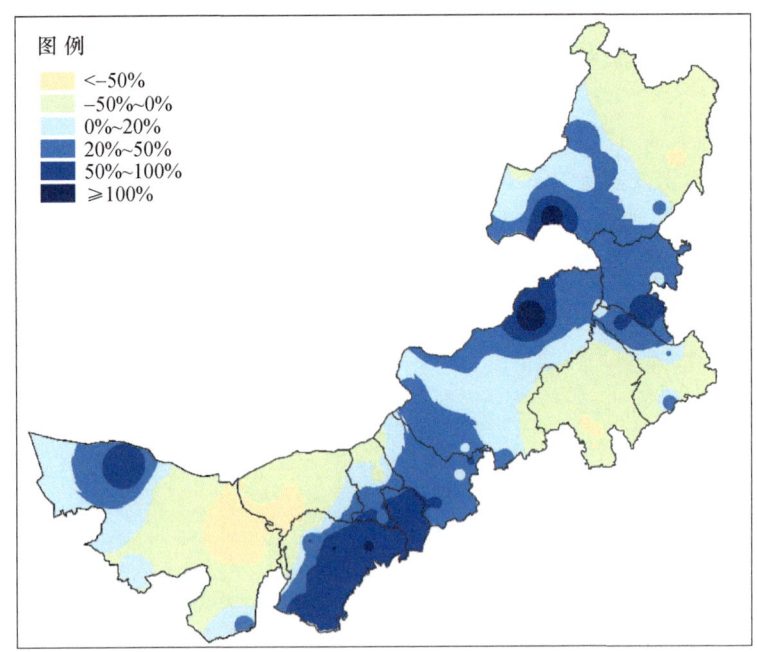

图 5.3　2018 年春季内蒙古降水量距平百分率

季降雪(积雪)少的影响,截止 5 月底,赤峰市克什克腾旗和阿鲁科尔沁旗受干旱影响,牧草尚未返青,上述地区应适当延长草原禁牧期、休牧期,使牧草返青后正常生长,以提高植被覆盖度,有效保护草原生态环境。

5.6.2　夏季气象条件

(1)气温

夏季全区平均气温在 15.9(图里河)~27.5 ℃(拐子湖)。与历史同期(1981—2010 年)平均值相比,除呼伦贝尔市大部、鄂尔多斯市部分地区、阿拉善盟西部和东南部接近常年外,其余地区季平均气温偏高 1~2.6 ℃(乌拉特后旗)。夏季平均气温比历史同期高 1.5 ℃,比上年同期高 0.4 ℃(图 5.4)。

(2)降水

夏季全区降水量在 19.3 mm(额济纳)~401.9 mm(鄂伦春)。与历史同期(1981—2010 年)平均值相比,全区中部偏南、东部偏南和东北部地区降水偏少 1%~36%(青龙山),中西部大部、东部地区中部和东北部中部及偏东地区接近常年或偏多 3%(鄂温克旗)~367.4%(额济纳旗);夏季全区降水量平均值比历史同期(1981—2010 年)多 44.3 mm,比上年同期多 64.6 mm(图 5.5)。

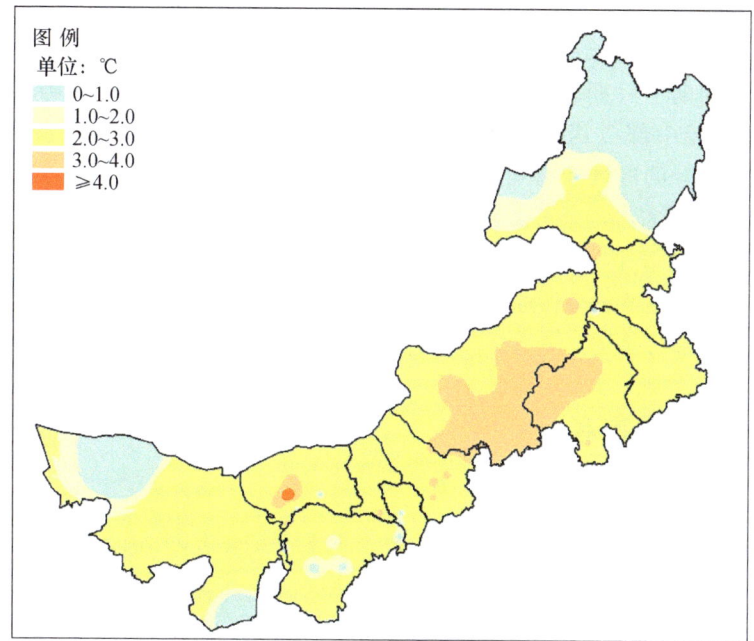

图 5.4 2018 年夏季内蒙古平均气温距平

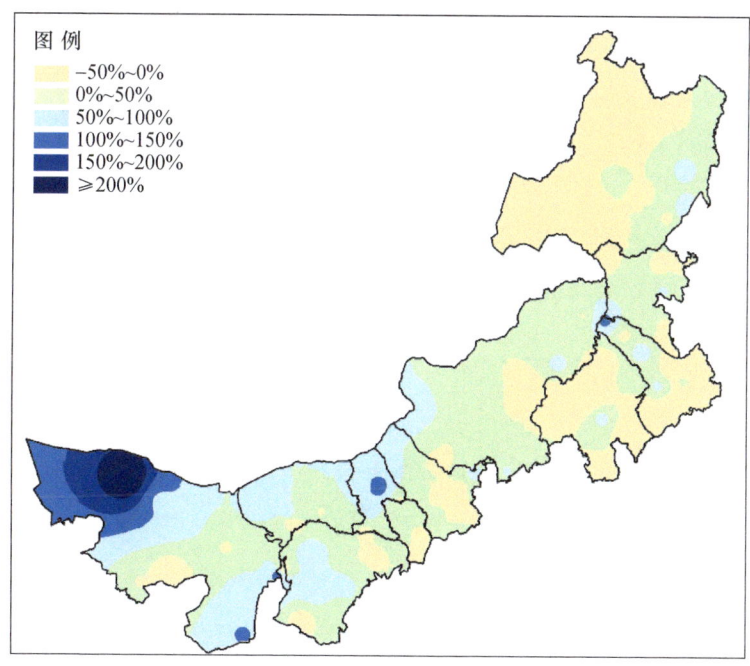

图 5.5 2018 年夏季内蒙古降水量距平百分率

(3) 对禁牧、休牧和轮牧的影响

进入夏季后牧草开始快速生长,其主要限制因子不是温度而是降水。夏季降水量分布不均(前期旱后期较充沛),中东大部牧区降水持续偏少,前期呼伦贝尔市西部及锡林郭勒盟中部以西地区出现不同程度的旱灾,牧草长势偏差甚至枯死。因此,上述旱情较轻的区域应适当延长休牧期,而中西部干旱严重、植被长势较差的牧区应适时采取禁牧措施,延长禁牧期,以达到降低草场压力和促使牧草自然生长、保护草原生态的目的。内蒙古自治区的西部降水较多区域,禁牧、休牧和轮牧对土壤增墒保墒、牧草快速生长、干物质积累等非常有利,也有利于提高轮牧区家畜饱青、抓水膘、抑制疾病传播等。

5.6.3 秋季气象条件

(1) 气温

秋季全区平均气温在 −2.6(图里河)~8.8 ℃(头道湖、库伦旗),与历史同期(1981—2010 年)平均值相比,全区赤峰市中部以西大部地区偏低 0.1(乌拉特前旗)~2.1 ℃(乌海市),赤峰市东部、锡林郭勒盟东部地区偏高 0.1(东乌珠穆沁旗)~2.7 ℃(小二沟),其中乌拉特后旗高 2.9 ℃(图 5.6)。

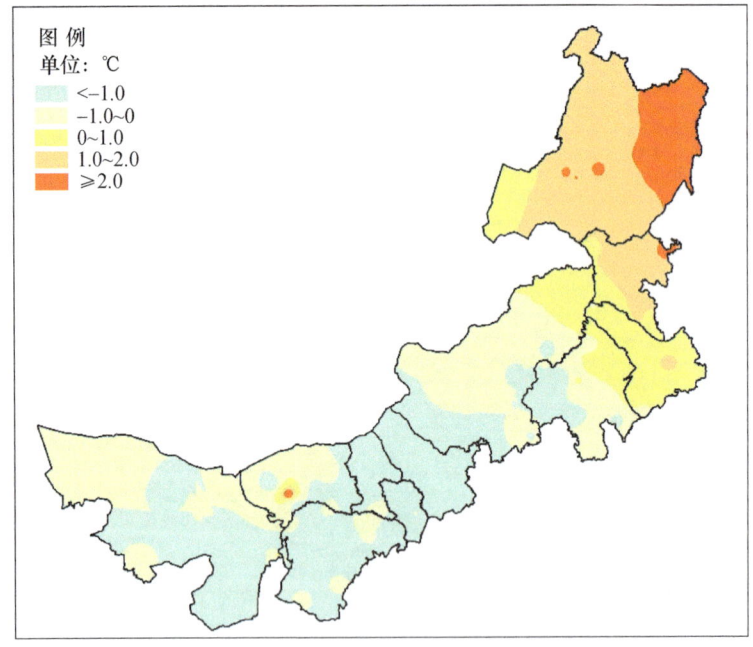

图 5.6　2018 年秋季内蒙古平均气温距平

(2) 降水

全区秋季降水量在1.3(额济纳旗)~162.6 mm(乌海市)。降水量分布不均匀,全区39个站降雨量不足50 mm,与历史同期(1981—2010年)平均值相比,除呼伦贝尔市局部、通辽市南部、赤峰市中南部、乌兰察布市南部、呼和浩特市南部及阿拉善盟西部偏少1%~84.1%(额济纳旗)外,其余大部地区接近常年或偏多;呼伦贝尔市中部、兴安盟西部、通辽市北部、锡林郭勒盟中东部和西部、乌兰察布市北部、包头市北部、巴彦淖尔市大部、鄂尔多斯市大部、乌海市、阿拉善盟东部等地偏多50%~412.9%(乌海市)(图5.7)。

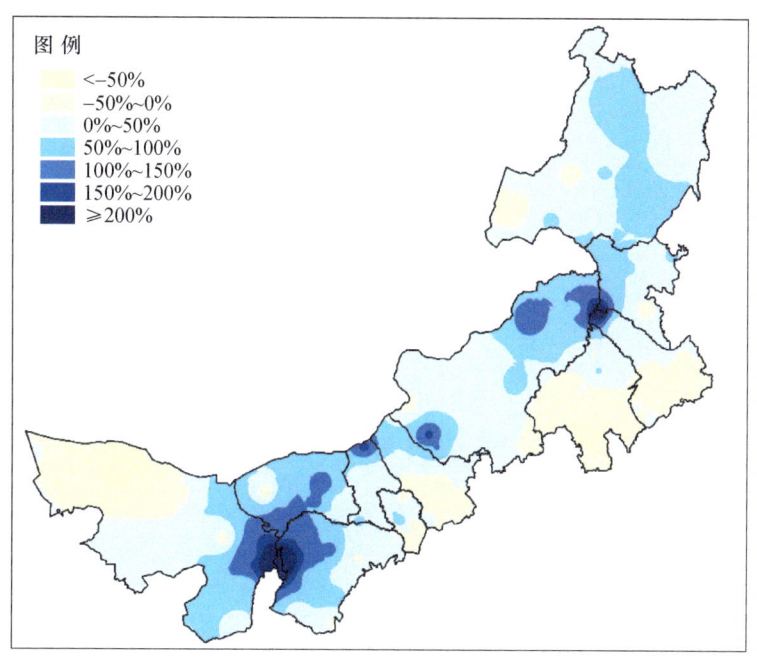

图5.7　2018年秋季内蒙古降水量距平百分率

(3) 对禁牧、休牧和轮牧的影响

进入秋季,全区大部地区牧草基本停止生长,正值牧草结籽、成熟期,也是打储草的关键期,凉爽的气候和营养丰富的牧草是牲畜抓油膘的最佳时节。秋季全区气温适宜,对禁牧打草区域实施打草、晾晒、调运非常有利;全区降水量分布不均,大部牧区降水量接近常年或偏多,对牧区土壤增墒保墒、牧草成熟、籽粒落地入土及营养物质输送等有利;另外,对轮牧区放牧草场家畜采食、抓油膘(秋膘)、抑制疾病传播、秋季草原防火等非常有利,但对牧草的收割、晾晒、调运产生了一定的不利影响。

5.6.4 冬季气象条件

(1)气温

全区冬季平均气温在-21.8(根河)~-4.2℃(头道湖),除呼伦贝尔市根河、图里河、额尔古纳市的平均气温在-20℃以下外,其余大部地区均在-17.8~-4.2℃;全区冬季平均气温为-9.2℃,比历史同期(1981—2010年)平均值高0.1℃(图5.8)。

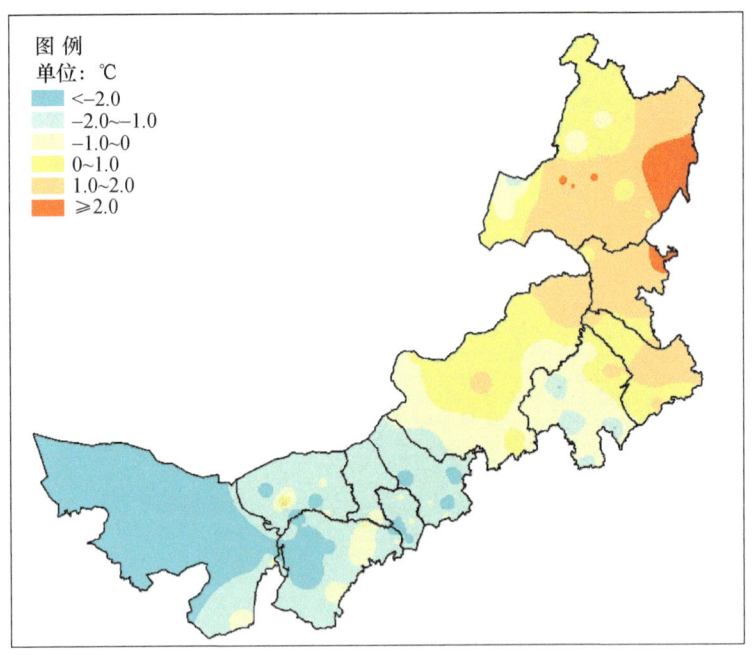

图5.8　2018年冬季内蒙古平均气温距平

(2)降水

冬季全区降水量在0(吉兰太)~11.3 mm(乌海市),降水主要分布在呼伦贝尔市西部偏北地区、赤峰市、锡林郭勒盟中西部、鄂尔多斯市西北部、巴彦淖尔市南部和阿拉善盟东南部地区;冬季降水量全区平均为3.7 mm,比历史同期平均值少3.0 mm(图5.9)。

(3)对禁牧、轮牧的影响

冬季降雪天气,对禁牧区(舍饲区)畜牧业生产影响较小外,给轮牧区牲畜正常出牧、采食、饮水、接羔保育、防寒保暖、饲草料调运及家畜饲养管理等带来诸多不利影响,但对草原区土壤墒增墒、草原防火、净化空气、抑制牲畜疾病传播、保障草场得到休养生息、春季牧草返青等方面较有利。

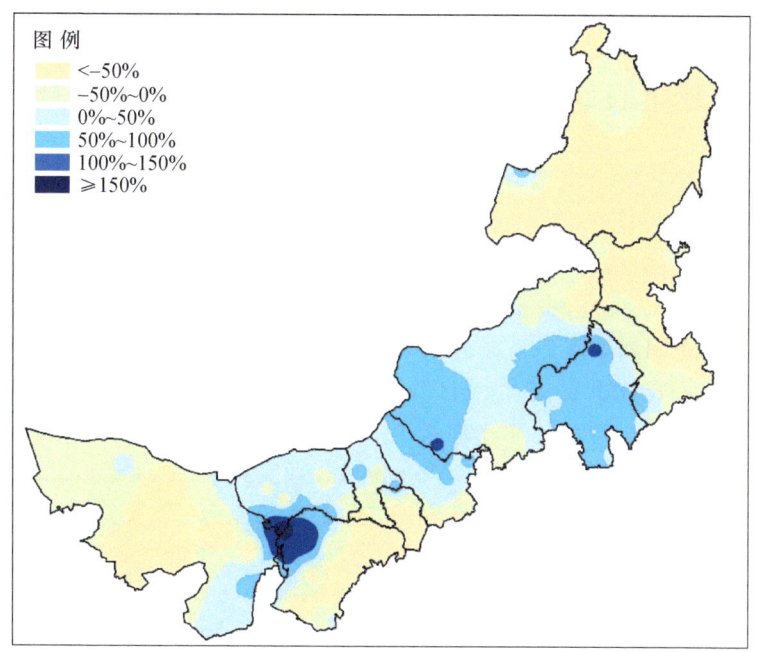

图 5.9　2018 年冬季内蒙古降水量距平百分率分布

5.7　2018 年内蒙古草原地上生物量评估

5.7.1　影响草原植被生产力的气象因子

2018 年度内蒙古年平均气温偏高或接近常年。全区平均气温在 −4.0（图里河）～10.6 ℃（拐子湖），与历史同期平均值相比，除东部大部地区及锡林郭勒盟东部、乌兰察布市南部、呼和浩特市大部、鄂尔多斯市大部、阿拉善盟等地接近常年外，其余地区均偏高 1～1.9 ℃（土默特右旗、达拉特旗）。

降水量偏多或接近常年。全区总降水量在 64.0（拐子湖）～770.6 mm（阿荣旗）。与历史同期相比，除东部大部地区及锡林郭勒盟中部、乌兰察布市大部、呼和浩特市南部、阿拉善盟中部等地接近常年外，其余地区均偏多 25% 至 2.2 倍（额济纳旗）。

全区年总日照时数偏少或接近常年。全区年总日照时数为 2378（根河市）～3401 h（海力素）。与历史同期相比，兴安盟东部、通辽市南部、锡林郭勒盟大部、乌兰察布市大部、巴彦淖尔市东部、包头市北部、鄂尔多斯市北部、阿拉善盟东南部偏少

100～473 h(开鲁县),其余大部地区接近常年。

5.7.2 牧草生长季水热条件的季节分布

春季气温偏高、降水偏多,有利于牧草返青。春季全区平均气温为9.3 ℃,比历史同期偏高2.7 ℃,比2017年同期高1.1 ℃,为1961年以来同期最高。与历史同期相比,全区大部气温偏高,其中东部大部地区偏高1～2 ℃,中西部地区偏高2 ℃以上,巴彦淖尔市中北部、包头市中部等地偏高4 ℃以上。春季降水量全区平均为52.5 mm,比历史同期偏多7.2 mm,比2017年同期多17.8 mm,为1961年以来同期第13多。从空间尺度上看,春季全区降水量在0.4(那仁宝力格)～124.5 mm(东胜区),与历史同期相比,呼伦贝尔市东部、通辽市东南部和西部、赤峰市大部、巴彦淖尔市大部、阿拉善盟东部等地偏少25%～90%,兴安盟大部、通辽市北部、锡林郭勒盟西北部、乌兰察布市大部、呼和浩特市大部、包头市南部、鄂尔多斯市大部、阿拉善盟西部等地偏多25%至1.1倍,其余地区均接近常年。气温迅速升高使中东部牧区(呼伦贝尔市西部、锡林郭勒盟南部等)受热量制约的牧草返青期提前,偏多的降水使中西部受水分制约的牧区(如乌兰察布市、鄂尔多斯市等)牧草返青提前10 d左右。

夏季气温偏高、降水充沛,有利于牧草快速生长。夏季全区平均气温为22.3 ℃,比历史同期偏高1.5 ℃,比2017年同期高0.4 ℃,为1961年以来同期第2高。与历史同期相比,除呼伦贝尔市大部、鄂尔多斯市中部和东北部、乌海市接近常年外,其余地区均偏高1～2.6 ℃。夏季降水量全区平均为257 mm,比历史同期平均值偏多43.6 mm,比2017年同期多61.6 mm,为1961年以来同期第11多。从空间尺度上看,夏季全区降水量在43.2(雅布赖)～603 mm(阿荣旗),与历史同期相比,锡林郭勒盟中西部、乌兰察布市北部、呼和浩特市北部、包头市、巴彦淖尔市、鄂尔多斯市大部、阿拉善盟大部及呼伦贝尔市东部、兴安盟东南部、通辽市中南部、赤峰市中部等地偏多25%～367%(额济纳旗),其余地区均接近常年或偏少25%～36%。进入7月后,全区大部出现"旱涝急转"的态势,连续20天每日均出现覆盖全区大部地区的降水天气过程。随着降水增多,北部大部牧区旱情解除。受前期干旱影响,中西部大部草原地区牧草地上生物量明显不及历史同期,但牧草盖度明显增加。截至8月末,呼伦贝尔草原和锡林郭勒盟东部草原打草区地上生物量(鲜重)在3000 kg/hm²以上,牧草总体长势好于2017年同期,接近常年同期水平。

秋季气温接近常年,降水偏多,有利于牧草干物质积累。秋季全区平均气温为5.1 ℃,与历史同期持平,比2017年同期低0.3 ℃,为1961年以来同期第22高。与历史同期相比,除呼伦贝尔市大部、兴安盟大部偏高1～2 ℃,其余地区均偏低或接近常年。秋季降水量全区平均为65.2 mm,比历史同期偏多12.7 mm,比2017年同期多19.1 mm,为1961年以来同期第16多。从空间尺度上看,秋季全区降水量在1.3

（额济纳旗）～162.6 mm（乌海市），与历史同期相比，除阿拉善盟中北部、呼和浩特市南部、乌兰察布市中部、赤峰市中南部、通辽市南部等地偏少25%～85%（额济纳旗）外，其余地区均偏多或接近常年。秋季光温水条件，对再生牧草生长非常有利。

5.7.3 地上生物量空间分布格局

2018年内蒙古干旱于5月上中旬开始发生，进入6月快速发展，到6月30日内蒙古自治区中旱及以上干旱主要出现在呼伦贝尔市西南部、赤峰市中北部、锡林郭勒盟大部、乌兰察布市中北部、呼和浩特市大部、包头市大部、巴彦淖尔市大部和阿拉善盟。干旱发生面积39.6万km^2（阿拉善盟13.1万km^2除外），占总面积的46.5%。牧区发生干旱面积34.4万km^2，占牧区总面积的57.2%。干旱导致牧草生长缓慢，局部地区出现黄尖、枯萎状态（镶黄旗）。6月虽有降水过程，但量级较小，中西部大部和东部偏南地区月降水量普遍不足50 mm，偏少2～9成，对正处于积极生长期的牧草抑制作用明显。7月以来，持续出现覆盖全区大部地区的降水过程，大部地区较常年同期偏多5成到4倍。光温水极佳的匹配与组合，对内蒙古草原植被的快速生长提供了非常好的气象条件。

通过卫星遥感数据与生物地球化学循环模型模拟结果显示，内蒙古草原区最大地上生物量不足250 g/m^2的区域主要分布在呼伦贝尔市西部、通辽市中部、赤峰市中部、锡林郭勒盟中西部、乌兰察布市北部、包头市大部、巴彦淖尔市和鄂尔多斯市大部地区，分布面积约为26.3万km^2，占内蒙古草原总面积的45.1%；较差的区域主要分布在中西部偏北的荒漠化草原区，局部地区最大地上生物量不足50 g/m^2，分布面积约为1.0万km^2，占内蒙古草原总面积的1.8%；最大地上生物量大于300 g/m^2的较好区域主要分布呼伦贝尔市大部、兴安盟、通辽市、赤峰市东北部以及锡林郭勒盟的东南部地区，分布面积约为32.0万km^2，占内蒙古草原总面积的54.9%（图5.10、图5.11、表5.1）。2018年内蒙古草原最大地上生物量呈现出"东部好、西部差；南部好、北部差"的态势，总体牧草产量明显好于2017年（图5.12），接近历史同期水平。

表5.1 2018年与2017年内蒙古草原最大地上生物量变化

等级	百分比(%)		增减率(%)
（干重 g/m^2）	2018年	2017年	
<50	1.8	6.5	-4.7
100	7.9	29.5	-21.6
200	16.4	35.1	-18.8
250	19.1	8.2	10.9
300	20.3	4.9	15.4

续表

等级 (干重 g/m²)	百分比(%)		增减率(%)
	2018年	2017年	
400	18.9	6.4	12.5
>400	15.7	9.3	6.4

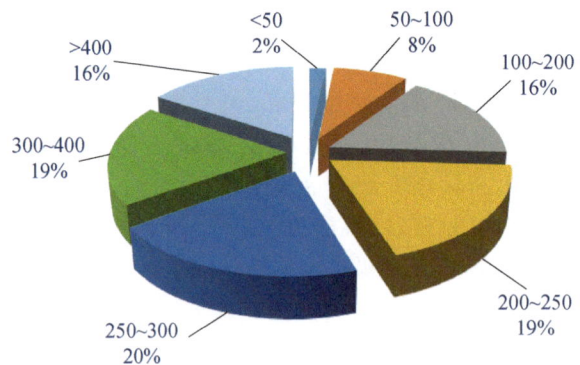

图 5.10　2018年内蒙古草原不同等级最大地上生物量的占比(%)

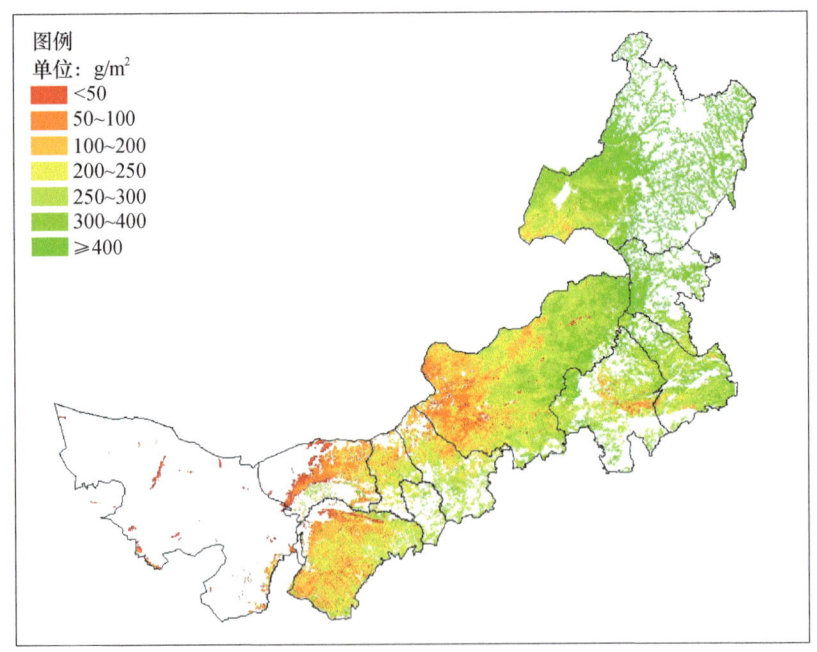

图 5.11　2018年内蒙古草原最大地上生物量的空间分布

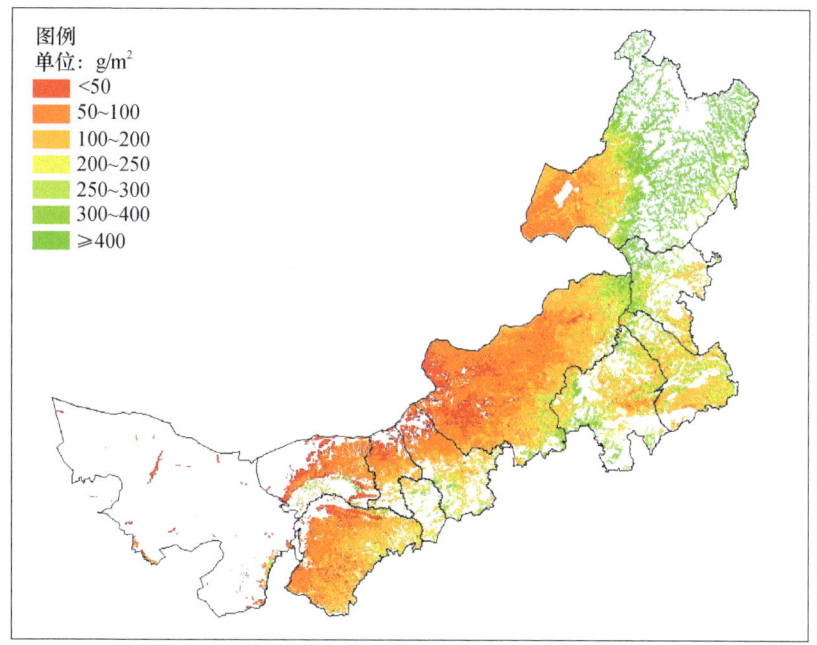

图 5.12　2017 年内蒙古草原最大地上生物量的空间分布

第6章　沙地植被状况

内蒙古毛乌素沙地、浑善达克沙地和科尔沁三大沙地的监测以2000—2018年7月份的中等分辨率成像光谱仪（MODIS）植被指数产品为主要数据源，同时以高分辨率遥感影像及其他地理数据为辅助，对三大沙地2018年植被现状进行了对比分析。

6.1　2018年沙地植被盖度现状

内蒙古三大沙地植被盖度呈现从东到西依次降低（图6.1）的特征。2017年科尔沁沙地大部分地区植被盖度大于40%，占其总面积的82%；盖度在20%～40%的区域占沙地面积的13%左右，主要分布在沙地东部的翁牛特旗、奈曼旗西北部地区和沙地边缘的局部地区；盖度在20%以下，主要分布科尔沁沙地西部部分地区，占沙地总面积的4%左右。浑善达克沙地60%左右区域植被盖度大于40%，主要分布在沙地的中东部大部分地区；植被盖度在20%～40%的区域主要分布在沙地西部的苏尼特左旗、正镶白旗大部分地区和沙地中东部的局部地区，占沙地面积的33%左右；浑善达克西部占沙地面积7%的区域植被盖度在20%以下。毛乌素沙地52%的区域植被盖度在20%～40%，主要分布在沙地西北部和东南部地区，仅有13%的区域植被盖度在20%以下，主要分布在鄂托克前旗、乌审旗东北部部分地区；盖度大于40%的区域主要分布在沙地东北部的伊金霍洛旗、东胜区和沙地东南部的乌审旗南部、鄂托克前旗东部地区，占沙地总面积的36%左右。

6.2　植被长势与2017年同期对比分析

毛乌素沙地、浑善达克沙地和科尔沁沙地植被长势大部优于2017年。其中毛乌素沙地植被长势改善区占沙地总面积的80%左右，仅有9%的区域植被长势不及2017年，主要分布在毛乌素沙地西南部的鄂托克旗前境内。浑善达克沙地中部偏北及东部部分地区植被长势明显优于2017年，占沙地总面积的48%左右，有面积将近42%左右的区域植被优于2017年，主要分布在浑善达克沙地的中部偏东及西部部分地区，仅有3%的区域植被长势不及2017年。科尔沁沙地有28%左右的区域植被显

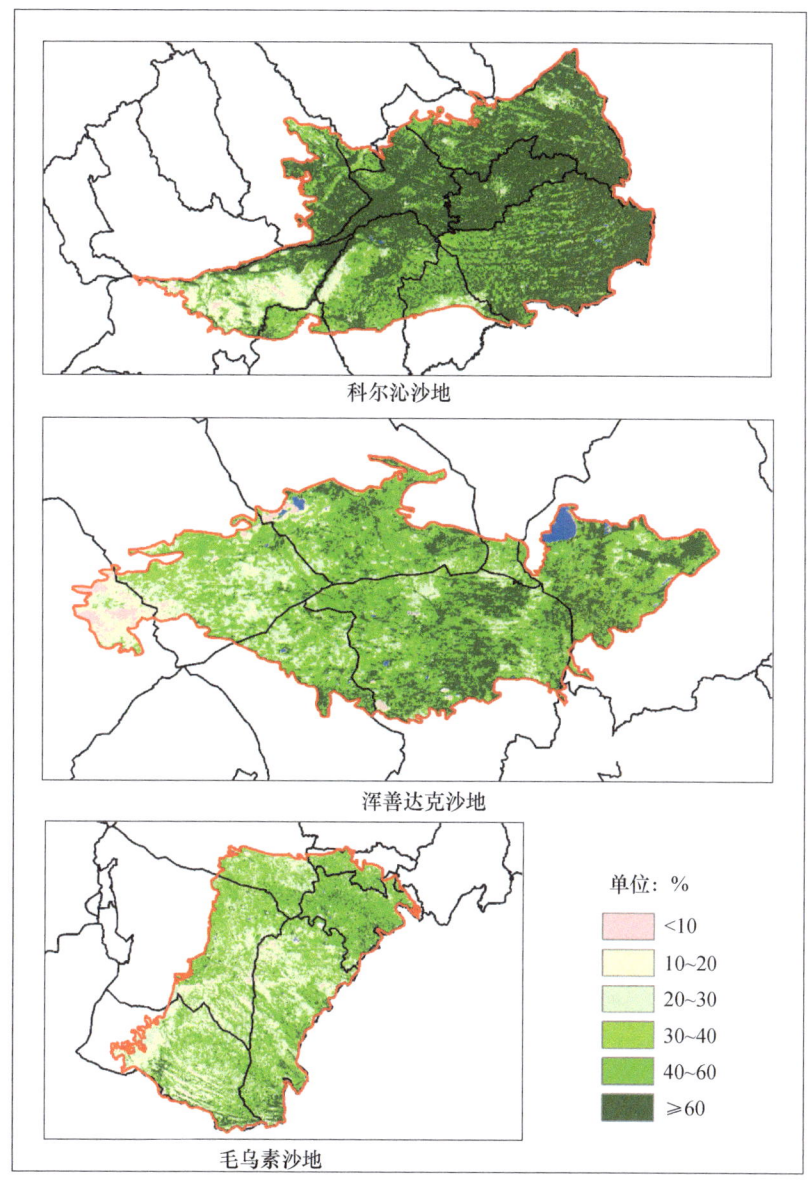

图 6.1 2017 年内蒙古沙地植被盖度空间分布

著改善,主要分布在沙地东部的科尔沁左翼中旗和科尔沁左翼后旗,科尔沁沙地中部及东部地区 44% 的区域植被长势较 2017 年有所改善,在沙地北部开鲁县、科尔沁左翼中旗西部以及沙地西部的翁牛特旗部分地区植被长势不及 2017 年,占科尔沁沙地总面积的 14% 左右(图 6.2、图 6.3)。

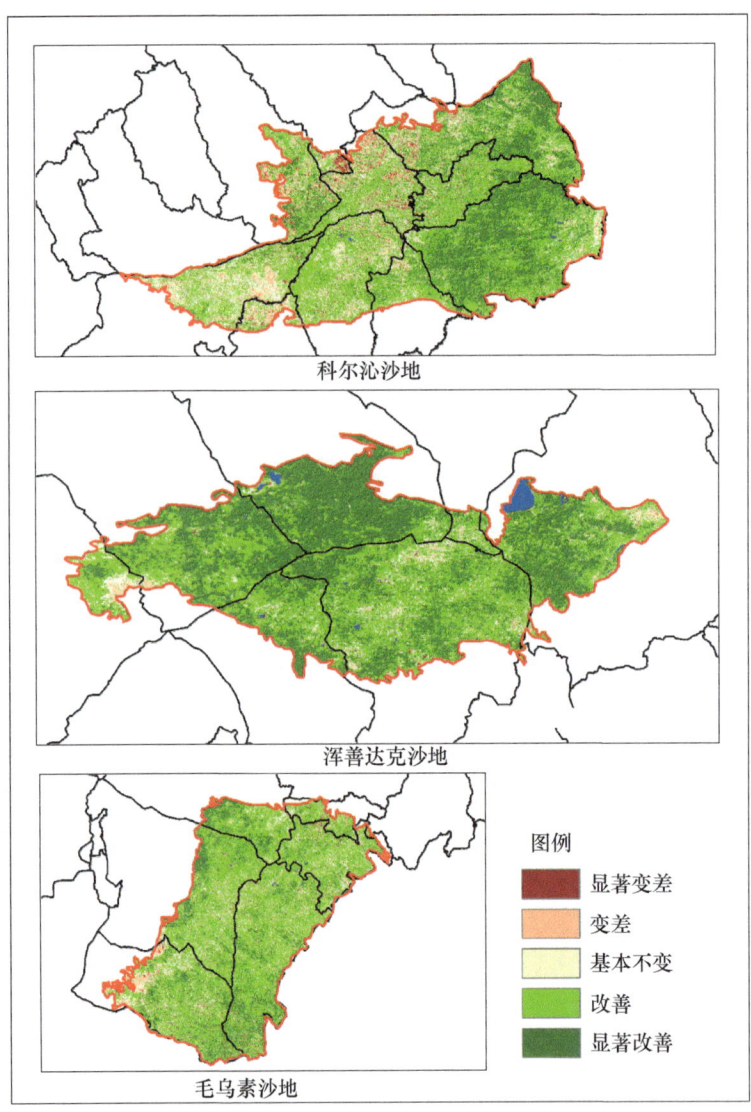

图 6.2 2017—2018 年内蒙古沙地 NDVI 变化空间分布

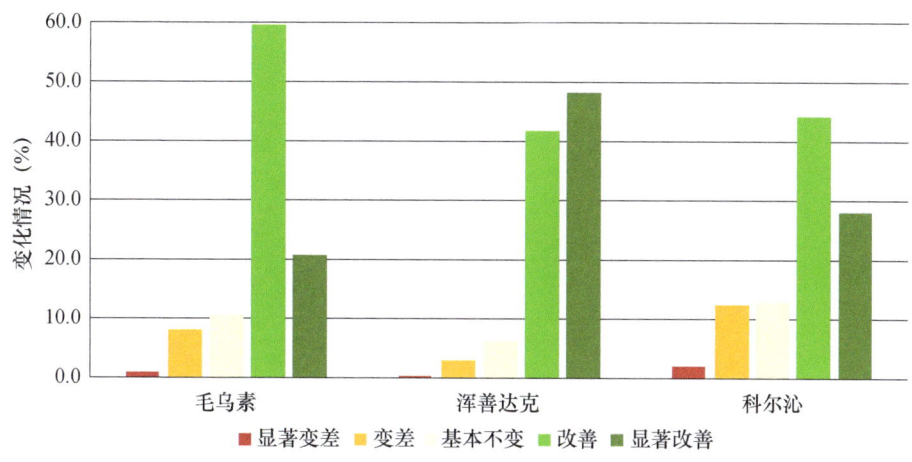

图 6.3 内蒙古沙地 2018 年植被长势与 2017 年对比变化情况

6.3 植被长势与历年同期对比分析

　　毛乌素沙地、科尔沁沙地和浑善达克沙地大部分区域植被长势好于历年同期（图 6.4、图 6.5）。毛乌素沙地 95% 的区域植被长势好于历年，仅有占沙地面积 2% 的区域不及历年，其余 3% 的区域植被长势和历年相比基本保持不变。与历年同期对比，浑善达克沙地 40% 的区域植被长势显著优于去年，有 49% 的区域植被长势较历年同期有改善，主要分布在沙地的中北部和南部部分地区，仅有 3% 左右的区域植被长势较历年同期变差。科尔沁沙地仅有 7% 左右的区域比历年同期变差，零星分布在沙地局部地区；比历年同期植被改善和显著改善的区域面积分别占到科尔沁沙地总面积的 54% 和 28%，显著改善区域主要分布在沙地中部偏北的阿鲁科尔沁旗及沙地东部部分地区。

6.4 小　结

　　（1）2018 年科尔沁沙地植被平均盖度大于浑善达克沙地，毛乌素沙地平均盖度最低。各沙地植被盖度大于 40% 的区域空间分布特征：科尔沁沙地大部分地区，占区域面积的 72% 左右；浑善达克沙地主要分布在沙地的中东部大部分地区；毛乌素沙地东北部的伊金霍洛旗、东胜区和沙地东南部的乌审旗南部、鄂托克前旗东部地区，占沙地总面积的 36% 左右。

　　（2）毛乌素沙地、浑善达克沙地和科尔沁沙地植被长势大部优于 2017 年及历年同期。

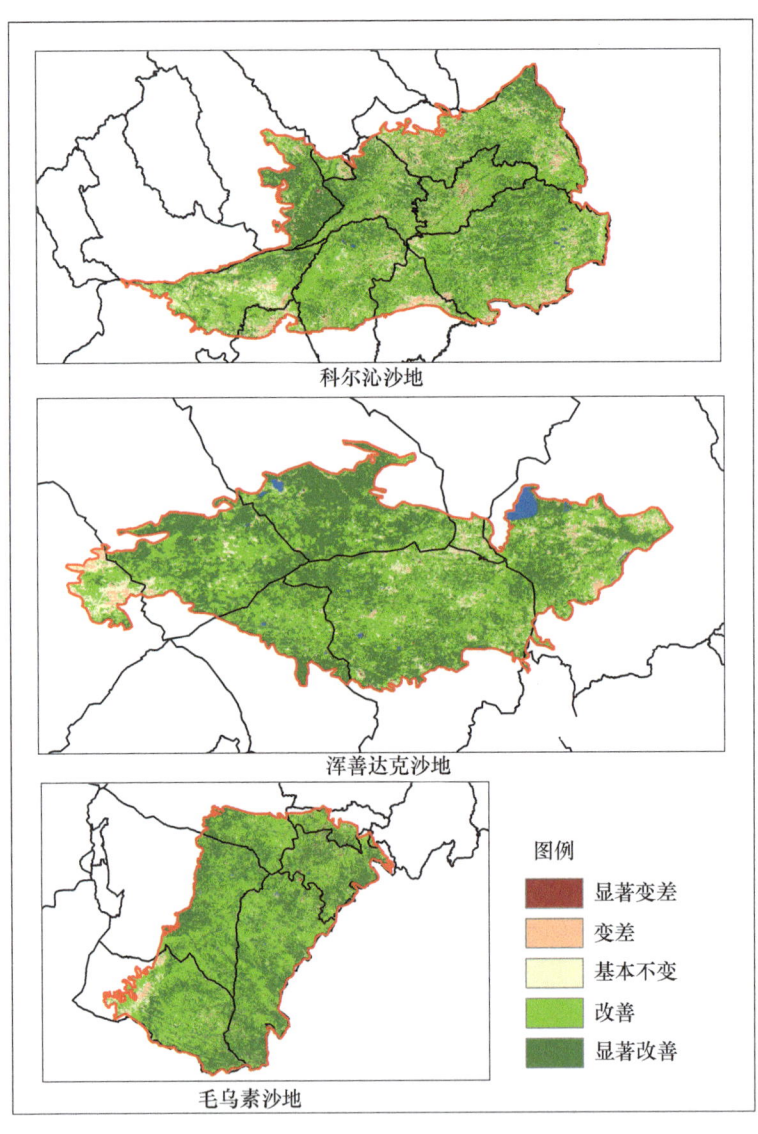

图 6.4　2018 年 7 月内蒙古沙地 NDVI 与历年(2000—2017 年)同期平均值对比变化空间分布

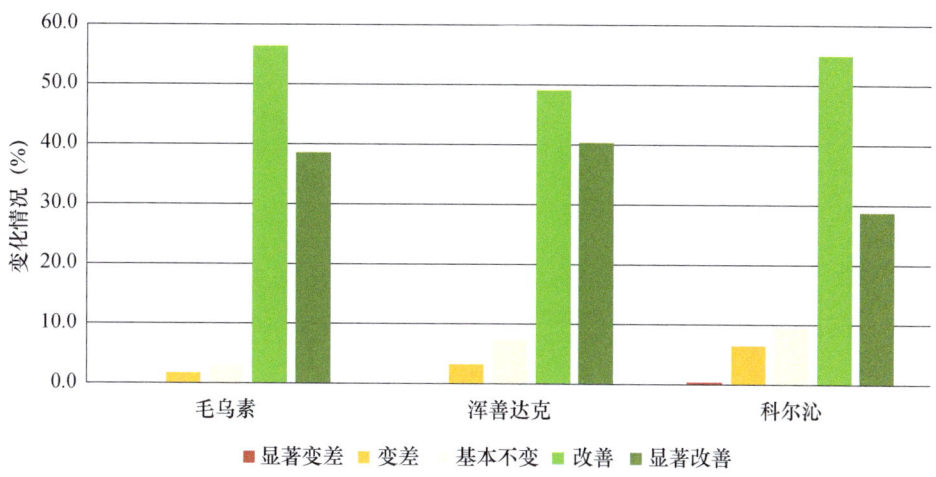

图 6.5 内蒙古沙地 2018 年植被长势与历年(2000—2018 年)平均对比变化情况

第 7 章 荒漠生态系统

7.1 内蒙古自治区荒漠生态系统气候概况

内蒙古自治区荒漠生态系统位于我区西部,在行政区划上包括阿拉善盟、巴彦淖尔市西北部、乌海市、鄂尔多斯市西北部,总体面积 27.94 万 km²,占我区总面积的 23.68%,其中沙漠面积 6.40 万 km²(图 7.1)。

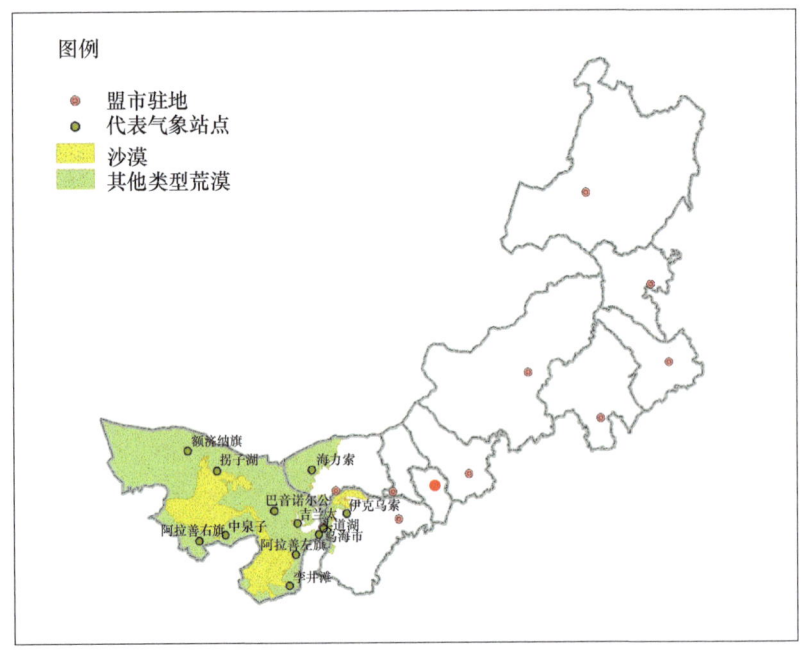

图 7.1 内蒙古自治区荒漠生态系统及代表气象站点示意图

由于地处亚洲大陆腹地,远离海洋,东南季风影响微弱,故气候干旱少雨,夏热冬寒,风大沙多,蒸发强烈。

(1)风的作用十分强烈,瞬间风速大于 7、8 级的大风日数:北部多达 50～100 d(额济纳旗的哈日布日格 68 d,呼鲁赤古特 107 d,阿拉善左旗巴音毛道 47 d,阿拉善右旗上井子 58 d);南部较少,也达 15～30 d(腰坝 28 d,巴彦浩特 15 d)。大风在四季分配中春季（3—5月）占38%，夏季（6—9月）31%，秋季（10—11月）16%，冬季（12—2月）15%。按月统计4月份大风最多，占全年的15%，5月占14%。在长期巨大风力作用下，造成风蚀和风积，例如砾石戈壁和沙漠等地貌类型的形成。

（2）除贺兰山受山地影响降水量较多外（200～400 mm），大部分地区降雨稀少。东部地区为100～150 mm，中部为70～100 mm；西部为50 mm左右。降水很集中，主要在7、8、9三个月，此期降水占全年降水量的59%～75%，也是越向西越集中。尽管阿拉善广大地区降水很少，然而降水在地面的再分配，也为荒漠和绿洲的发育提供了水资源保障，例如湖盆洼地、干河床及河滩地是植物赖以生存的生境。沙漠中沙丘间低地也可形成较繁茂的植物群落。

（3）对气象站多年的观测资料分析计算表明，阿拉善地区应属中温向暖温型过渡的气候区。大部分地区年均温达5～8 ℃，≥10 ℃的积温一般为3200～3600 ℃·d。按国家气象部门的标准，达到或接近暖温带指标。但冬季平均温度和极端最低温很低（−40 ℃）。故认为它是中温带至暖温带的过渡区域。

7.2　1998—2018年阿拉善盟植被动态分析

7.2.1　阿拉善盟区域概况

阿拉善盟处于蒙古高原西南部，地貌以高平原为主，同时广泛分布山地、丘陵及沙漠。地势南高北低，东高西低，高原面平均海拔1000 m左右。海拔最低处位于西北部的居延海，海拔820 m，最高处位于贺兰山主峰，海拔3556 m。由贺兰山、马鬃山、戈壁-阿尔泰山脉、河西走廊北山构成为四周环山的山盆复合地域系统，其间所分布的中、低山地又分隔成三个鼎足分布的山盆地域系统。以腾格里沙漠为中心，形成了贺兰山-巴音乌拉山-雅布赖山-雷公山所环绕的山盆地域系统；以银根盆地与乌兰布和沙漠为中心，构成狼山-巴音乌拉山-戈壁阿尔泰山山盆地域系统；以巴丹吉林沙漠和居延盆地为中心，组成雅布赖山-龙首山-合黎山-马鬃山-戈壁阿尔泰山山盆地域系统。各个盆地及其中的绿洲及大小湖盆的地表水与地下水是以周围各山地的降水和冰雪融化水为补给来源的，盆地中泥土的沉积和地球化学元素也多来自山地，山地与盆地的气候变异又是生物多样性演化的历史环境。总之，山盆地域系统成为一个庞大的能量与物质传输系统，这是内蒙古地区大尺度的景观格局。山地的森林、灌丛、草原等生态系统的空间分布，大小不同的天然绿洲与湖盆湿地星罗棋布，是居民生活与生产最集中的景观生态地块（图7.2）。

中国八大沙漠中的三大沙漠：巴丹吉林沙漠、腾格里沙漠及乌兰布和沙漠位于本区境内。沙漠表层为深厚疏松的沙层覆盖。目前，巴丹吉林沙漠、腾格里沙漠及

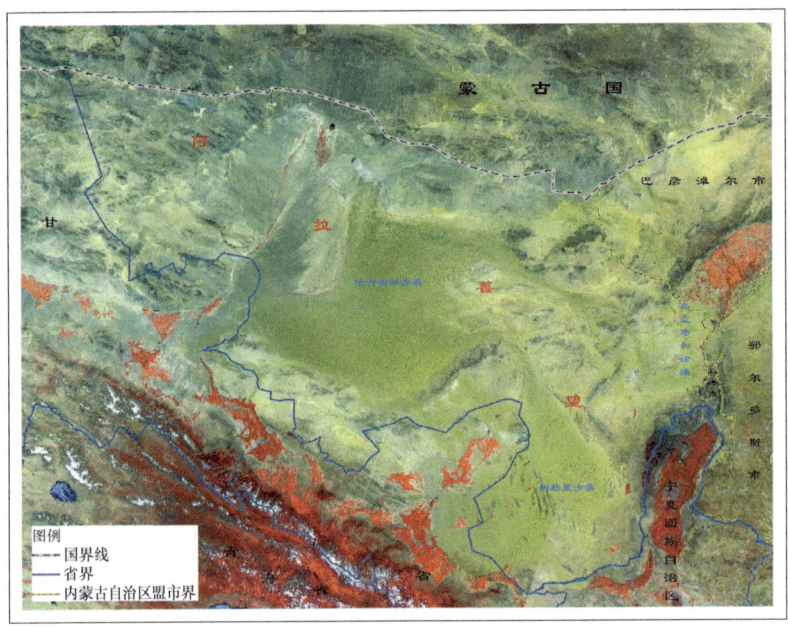

图 7.2 阿拉善盟区域位置示意图

乌兰布和沙漠被较小的亚马雷克沙漠串连在一起。西部的额济纳河是本区最大的内流河,在其流域形成了著名的额济纳绿洲。

阿拉善盟位于亚非荒漠的东端,是一个暖温型的灌木、半灌木荒漠区。本区气候条件严酷,地质古老,加之植物演化长期受旱化过程强烈制约,与相邻的中亚荒漠乃至整个亚非荒漠相比,特点十分鲜明。本区植物区系作为亚非荒漠区植被的重要组成部分,和整个亚非荒漠植物一样,总体上是起源于古地中海的干热植物的后裔,这里繁衍了大量的较年轻的藜科植物。植物区系是贫乏的、独特的,然而也是非常古老的。繁衍生长在极端严酷的荒漠生境中的沙冬青、四合木、绵刺、裸果木、霸王、泡泡刺、戈壁短舌菊、膜果麻黄等强旱生、超旱生的灌木和半灌木奇异的生活习性和顽强的生活力,即是这一属性的集中体现。红沙群系、珍珠群系是本区基本的群系。同时,合头藜群系、绵刺群系、霸王群系、泡泡刺群系、梭梭群系和短叶假木贼群系也广泛分布于内蒙古荒漠中,而肉叶(多汁)灌木和肉叶(多汁)半灌木荒漠是内蒙古荒漠区最主要的植被类型。膜果麻黄群系、斑子麻黄群系、长叶红沙群系、裸果木群系、戈壁藜群系、中亚紫菀木群系和灌木亚菊群系一般不单独成为群落,仅作为伴生种分布,只有在某些特定的生境中,才会呈现小片状的分布。

阿拉善盟地处亚洲大陆腹地,为内陆高原,远离海洋,东南季风影响微弱,周围群山环抱,形成典型的大陆性气候。故气候干旱少雨,夏热冬寒,风大沙多,蒸发强烈,四季气候特征明显,昼夜温差大。大风、沙尘暴、高温、干旱等自然灾害频发,属自然条件恶劣,生态环境最脆弱的地区之一。风的作用十分强烈,瞬间风速大于7、8

级的大风日数:北部多达 50～100 d;南部较少,也达 15～30 d。在长期巨大风力作用下,造成风蚀和风积,例如砾石戈壁和沙漠等地貌类型的形成。除贺兰山受山地影响降水量较多外(200～400 mm),大部分地区降雨稀少。东部地区为 100～150 mm,中部为 70～100 mm;西部为 50 mm 左右。降水很集中,主要在 7、8、9 三个月,此期降水占全年降水量的 59%～75%,也是越向西越集中。对气象站多年的观测资料分析计算表明,内蒙古荒漠区应属中温向暖温型过渡的气候区。大部分地区年均温达 5～8 ℃,≥10 ℃ 的积温一般为 3200～3600 ℃ · d。按国家气象部门的标准,达到或接近暖温带指标。

阿拉善盟是由草原化荒漠向典型荒漠至极旱荒漠的过渡地区。随着生物、气候类型的变化,土壤的分布也发生了明显的变化,这种相应的地带性土壤变化,以荒漠土壤类型表现最为完整。自东向西的顺序是淡棕钙土(荒漠草原-草原化荒漠土)、灰漠土(草原化荒漠土)、灰棕漠土(典型荒漠土)、石膏灰棕漠土(极旱荒漠土)。

7.2.2 数据源及数据预处理

本节所选用的遥感影像数据是从 1998 年 4 月至 2018 年 12 月的 SPOT VEGETATIONNDVI 数据集,空间分辨率为 1 km。数据来源于 SPOTVGT 数据分发中心。每 10 d 合成一幅影像,共计 761 幅影像。其中 1998 年缺失 1—3 月份数据,但由于阿拉善盟植被最好生长季出现在 5—10 月,所缺失影像对研究影响不大。该数据经过预处理(辐射校正、几何校正)生成了 10 d 最大化合成的 NDVI 数据。每月 NDVI 值通过国际通用的最大合成法(maximum value composites, MVC)获得,研究表明最大值合成可有效减少 NDVI 数据系列中的噪声,其计算公式为

$$NDVI_i = \text{Max}(NDVI_{ij}) \quad (7.1)$$

式中,$NDVI_i$ 为第 i 月的 NDVI 值,$NDVI_{ij}$ 为第 i 月第 j 旬的 NDVI 值,而每年的 NDVI 值采用当年各个月份 NDVI 的最大值,即

$$NDVI_y = \text{Mean}(NDVI_i) \quad (7.2)$$

式中,$NDVI_y$ 为第 y 年的 NDVI 值,$NDVI_i$ 为第 i 月的 NDVI 值,其中 i 取 4—10 月份。

7.2.3 研究方法

回归趋势线是对一组随时间变化的变量进行回归分析的方法。为掌握 1998—2018 年该研究区域植被的整体演变与发展状态,本节采用一元线性回归来分析每栅格点的 NDVI 变化趋势,对研究区域内不同地区的植被长势与变化大小进行空间定量分析,进而探讨该变化对气候的响应。

通过计算每个像元的年 NDVI 值,采用趋势线分析方法来模拟 1998—2018 年

这 21 年植被 NDVI 的空间变化趋势，其计算公式为

$$\theta_{\text{slope}} = \frac{n \sum\limits_{i=1}^{n}(iM_{\text{NDVI}_i}) - \sum\limits_{i=1}^{n} i \sum\limits_{i=1}^{n} M_{\text{NDVI}_i}}{n \sum\limits_{i=1}^{n} i^2 - (\sum\limits_{i=1}^{n} i)^2} \quad (7.3)$$

式中，n 为监测时间序列的长度，本文中取 $n=21$；M_{NDVI_i} 为第 i 年 NDVI 的均值；θ_{slope} 为趋势线增加的斜率；$\theta_{\text{slope}} > 0$，说明研究区域的 NDVI 在该时间段内呈增加趋势；$\theta_{\text{slope}} < 0$，说明 NDVI 呈减少趋势；$\theta_{\text{slope}} = 0$，则说明研究区域的 NDVI 未发生变化。

7.2.4 结果与分析

(1) 植被时间变化

以阿拉善盟地区像元最大 NDVI 平均值代表该年整个区域的植被覆盖状况，21 年间阿拉善盟 NDVI 的逐年变化情况如图 7.3 所示。分析表明 21 年间阿拉善盟地区 NDVI 总体呈增长趋势。区域 NDVI 在 21 年间分别出现三个明显的衰退阶段和增长阶段。植被衰退期发生在 1998—2001 年、2002—2006 年及 2012—2015 年，NDVI 呈现出下降趋势，研究区域植被覆盖减少。但是在衰退期之后，出现两个明显的增长期，分别为 2001—2002 年、2006—2012 年，其中 2003—2010 年处于稳步缓慢增长状态，2014—2018 年处于稳定状态。

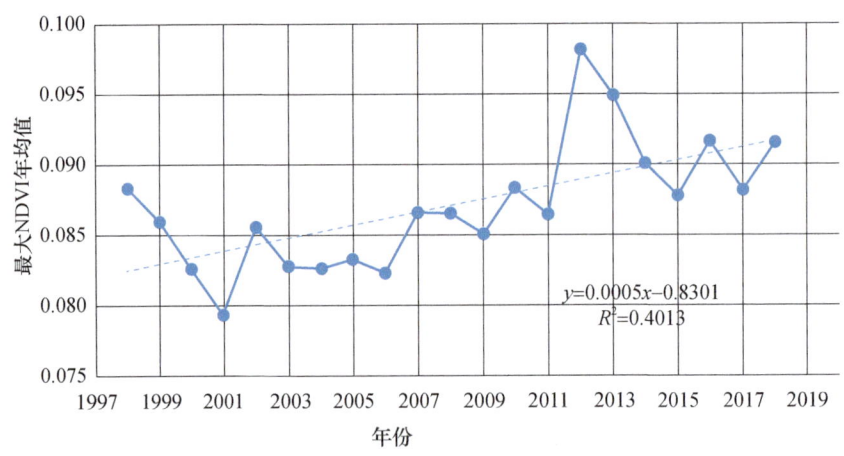

图 7.3　阿拉善盟 1998—2018 年 NDVI 的动态变化

(2) 植被空间变化

由阿拉善盟年均 NDVI 空间分布可知，阿拉善盟 NDVI 总体上呈现出片状分布特征，且存在显著的地区差异，如图 7.4 所示，植被覆盖较高的区域主要分布在贺兰山周边、温都尔图镇中南部、阿拉腾朝克苏木东南部、额肯呼都格镇南部及黑河流域，而其余大部区域，土地类型主要以荒漠、戈壁、沙漠为主，植被覆盖稀疏。

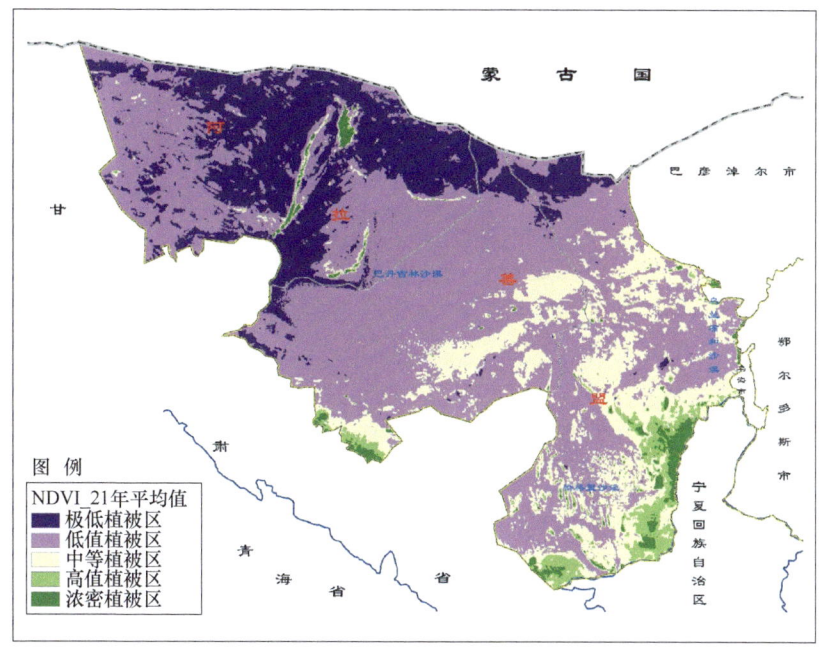

图 7.4 阿拉善盟植被状态分区图

根据式(7.3)对阿拉善盟的每个像元进行趋势分析,为更细致地探究该流域植被退化、增长或保持不变的趋势,对结果在 ArcGIS 中进行重分类,将研究区域分为 5 个等级,依次计算出不同变化程度区域所占的面积比例(表 7.1)和趋势分析空间分布(图 7.5)。由表 7.1 可以看出,21 年来阿拉善盟地表覆盖整体得到改善,退化区域仅占总面积的 0.013%,41.525% 的区域维持稳定状态;轻度增加区域占总面积的 52.236%,显著增加区域占总面积的 6.225%。

表 7.1 阿拉善盟 NDVI 变化趋势

NDVI 变化趋势	变化程度	所占百分比%
$-0.0134 < \theta_{slope} \leq -0.0040$	显著减少	0.003%
$-0.0040 < \theta_{slope} \leq 0$	轻度减少	0.010%
$0 < \theta_{slope} \leq 0.0040$	稳定状态	41.525%
$0.0040 < \theta_{slope} \leq 0.0060$	轻度增加	52.236%
$0.0060 < \theta_{slope} \leq 2.7320$	显著增加	6.225%

由图 7.5 可以看出,21 年时间尺度植被未出现明显退化;区域大部处于稳定和轻度增加状态,占总面积的 93.761%,其中西阿拉善地区大部植被处于稳定状态,特

别是戈壁地区、巴丹吉林沙漠中西部植被状态相当稳定,东阿拉善地区植被整体转好;植被显著改善区域占总面积的 6.225%,大部分集中在贺兰山山地、黑河流域等植被覆盖状态较好的地区。

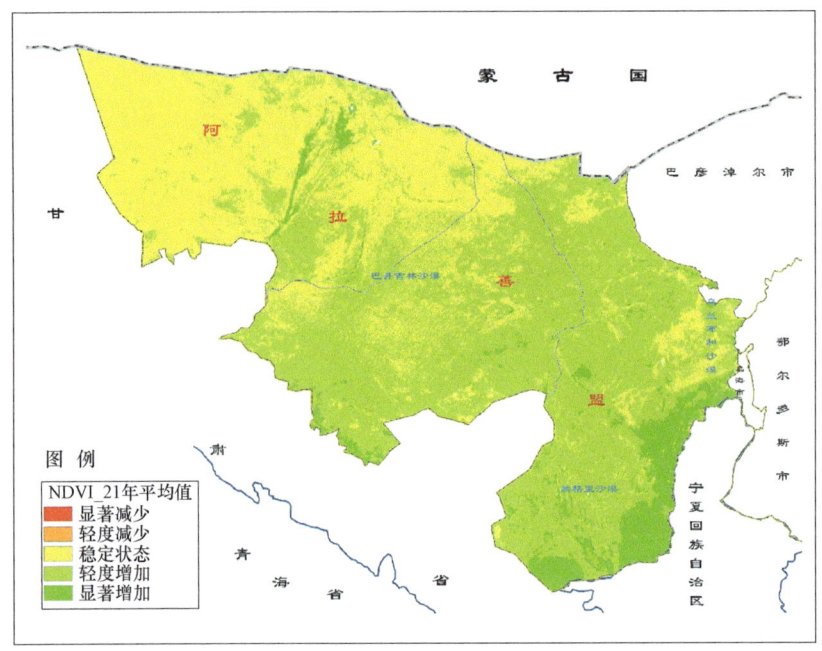

图 7.5　阿拉善盟植被变化趋势图

7.3　基于 GF2 卫星沙丘移动监测地面验证及沙漠扩张速度评估

沙丘移动是指有风沙流活动的沙丘在风的吹动下,沿着地表面向风的下游方向移动,掩埋下游农田、道路、灌区、河道、草原等的自然现象,是沙漠边缘动态、荒漠化等当前重大课题的重要监测内容。沙丘的移动,完全是由于风沙流的运移而引起的,迎风坡和丘顶上的沙子不断被风逐层吹走并降落在背风坡形成滑动面,使得整个沙丘向前移动。由于背风坡前回流区强大的卷吸作用,使落下的沙子不脱离沙丘而塌移,从而保持了沙丘的相对稳定性。显然,沙丘处于稳定状态时,它上面各点的前移速度是相同的,处于非稳定状态时则有所不同。

以往的沙丘移动观测方法(地形地貌详测法及标杆法等)是最直接的观测方法,但监测结果人为干扰较大,数据收集耗时较长,难以在短时期内取得成果;另外,受交通等条件制约,难以进行大范围多样点的同步观测。在遥感技术迅速发展的今天,利用遥感技术可以有效解决野外定位观测面临的上述困境。

7.3.1　地面监测数据验证 GF2 号监测沙丘移动速率

为验证 GF2 号卫星遥感资料在沙丘移动速率监测上的可用性,于 2017 年 8 月 31 日、2018 年 10 月 20 日分别对巴音温都尔沙漠东南缘典型沙丘坡脚线及脊线进行了实地详测。地面实测沙丘坡脚线、脊线分别与 2017 年 9 月 2 日、2018 年 10 月 22 日(两期影像具有不同太阳高度角及卫星入射角)GF2 号卫星 0.8 m 分辨率遥感影像叠合,如图 7.6,结果显示:

(1)GF2 号卫星 0.8 m 分辨率遥感影像能够刻画出典型沙丘形态;

(2)GF2 号卫星 0.8 m 分辨率遥感影像对沙丘坡脚线位置监测较精确,在沙丘脊线监测上存在部分的几何形变;

(3)GF2 号卫星 0.8 m 分辨率遥感影像对典型沙丘坡脚线的监测精度基本不受太阳高度角及卫星入射角的影响。

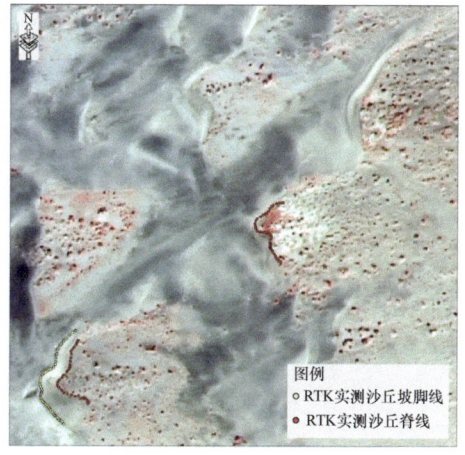 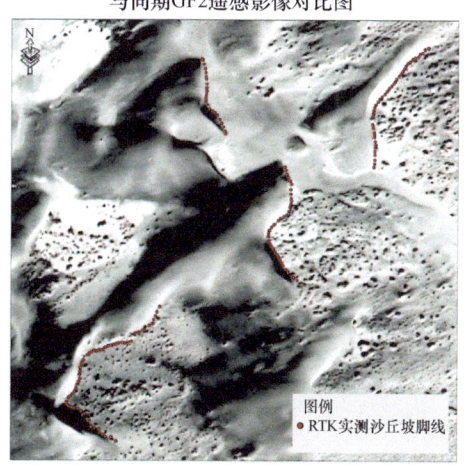

图 7.6　坡脚线及脊线实地测量点位与遥感影像对比图

7.3.2　巴音温都尔沙漠东南缘沙漠扩张速率

基于 2017 年 9 月 2 日、2018 年 10 月 22 日 GF2 号卫星 0.8 m 分辨率遥感影像,选取巴音温都尔沙漠东南缘大小不等的 9 个典型沙丘,提取其坡脚线。监测结果显示,巴音温都尔沙漠东南缘存在快速扩张的现象,9 个沙丘平均移动速率达 7.8 m/a,

部分沙丘移动速率达 17.5 m/a,如图 7.7 所示。

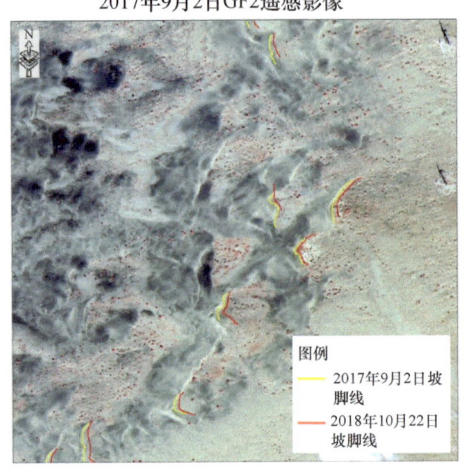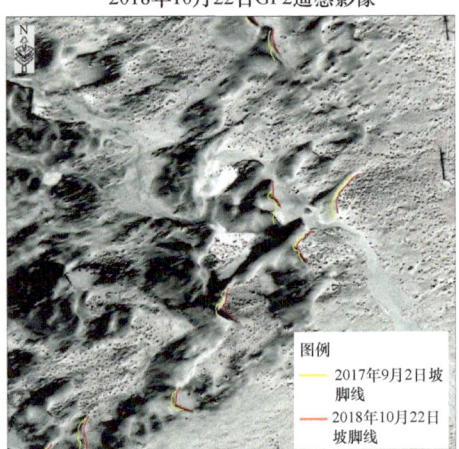

图 7.7　2017 年与 2018 年坡脚线位置对比图

第 8 章 湿地生态系统

  湖泊是地球表面的一种水体,由陆地上低洼处积水而成。内蒙古大地上分布着为数众多的大小湖泊,据《内蒙古国土资源》记载,内蒙古高原有大小湖泊1000多个,总面积6000多平方千米,约占全区总面积的5.1%。

  利用历史遥感数据,对内蒙古面积较大的主要湖水体(含呼伦湖、乌梁素海、达里诺尔、东居延海、岱海和黄旗海)水体面积进行监测分析。遥感监测结果显示,内蒙古地区的6大湖水体面积表现出不同的变化特征。

  乌梁素海自1987年以来水体面积变化较小,均维持在300 km^2以上,甚至面积略有增加。1987年其面积为302.1 km^2,2018年其面积为314.1 km^2(图8.1)。

  呼伦湖经历了一个萎缩—恢复的过程,1975年,呼伦湖水域面积为2097.79 km^2,2000年后呼伦湖水域面积逐年缩小,水域面积最小年份为2011年,仅为1722.66 km^2。党的十八大以来,呼伦湖区域先后施行了裸露沙地综合治理工程、湿地修复和综合整治工程、呼伦湖国家级自然保护区监测能力建设工程、"引河济湖"和"河湖连通"工程等大型生态保护与修复工作,呼伦湖水域面积有所恢复。2018年,呼伦湖水域面积达到了2049.5 km^2,生态治理成效显著(图8.2)。

  东居延海在历史上几度干涸,2001年8月,国务院批复了《黑河流域近期治理规划》,将黑河流域综合治理作为西部大开发重点生态工程,此后东居延海水域面积逐步恢复,在2018年达到了65.5 km^2,为近几年水体面积最大年份(图8.3)。

  达里诺尔水域面积变动较小,其面积一直维持在200 km^2上下。2018年其水体面积为184.8 km^2(图8.4)。

  分布在乌兰察布市境内的两处湖水体岱海和黄旗海,表现为水域面积持续减小。1973年,岱海水体面积为150.7 km^2,其后面积持续萎缩,2018年其面积仅为52.7 km^2,约为20世纪70年代的35%(图8.5)。

  1973年,黄旗海水体面积为81.9 km^2,其后面积持续萎缩,2018年其面积仅为20.1 km^2,是20世纪70年代的25%左右(图8.6)。

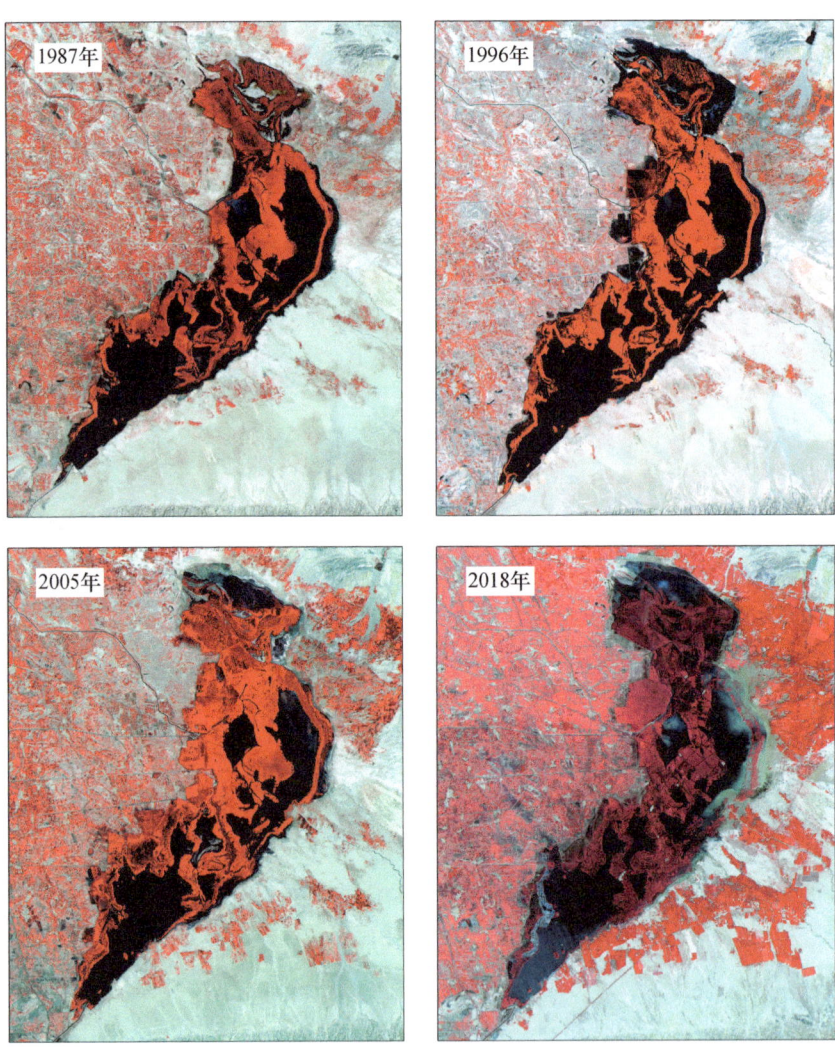

图 8.1　乌梁素海遥感监测

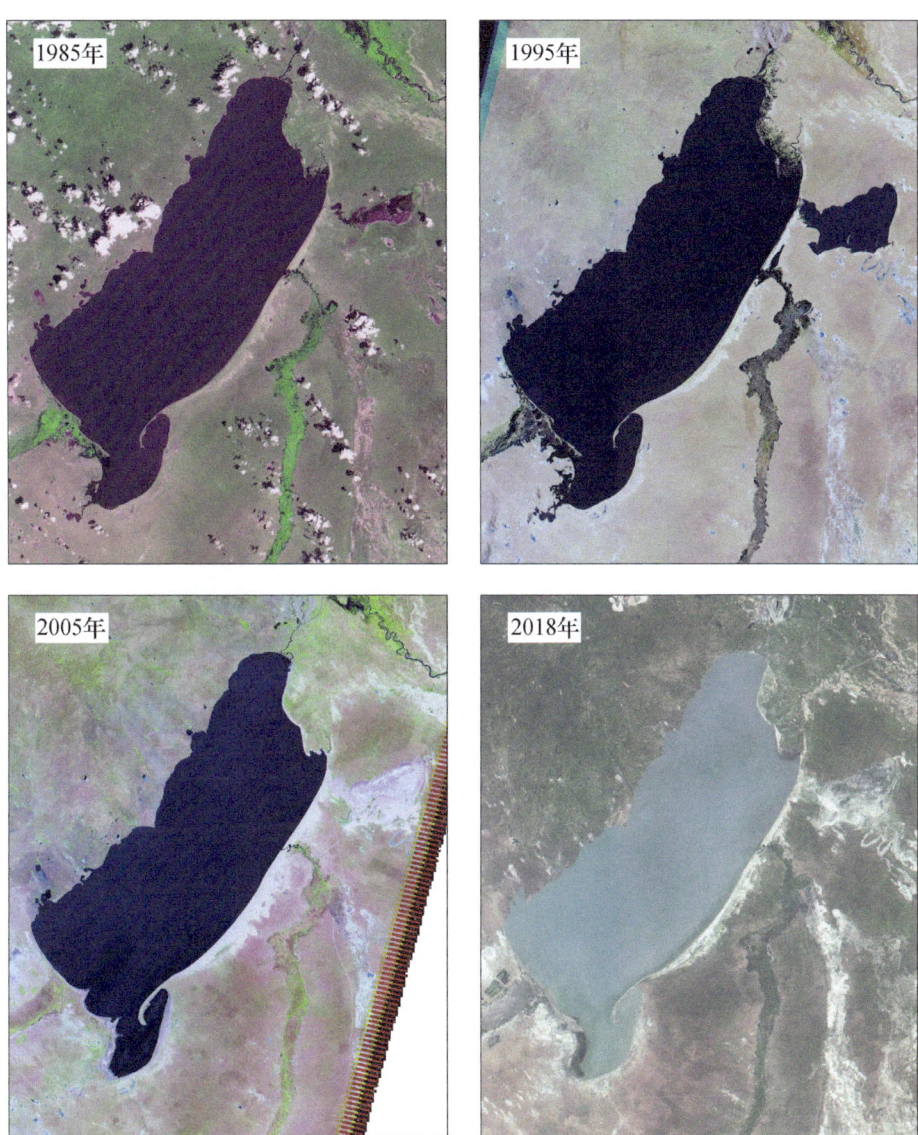

图 8.2 呼伦湖遥感监测

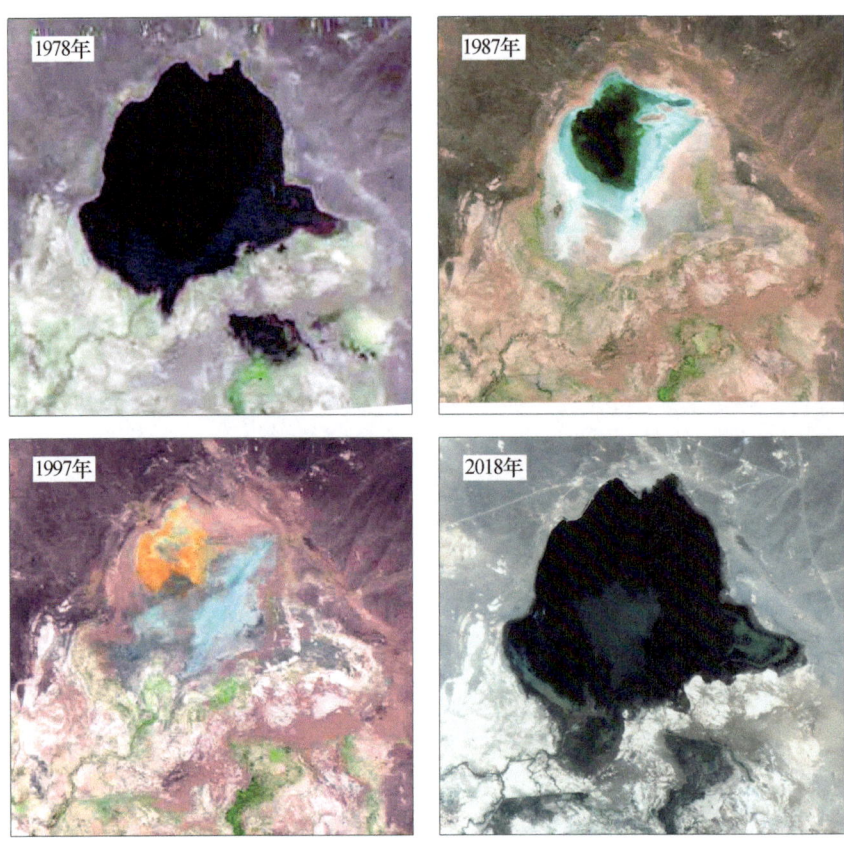

图 8.3 东居延海遥感监测

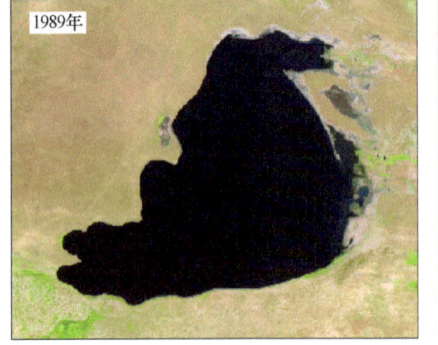
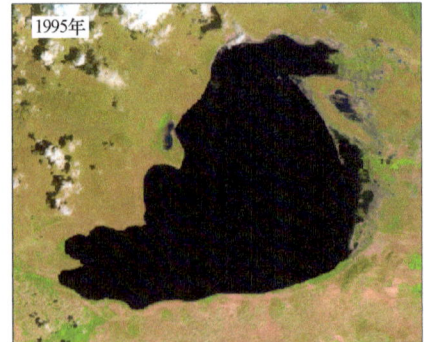

第 8 章 湿地生态系统

图 8.4 达里诺尔遥感监测

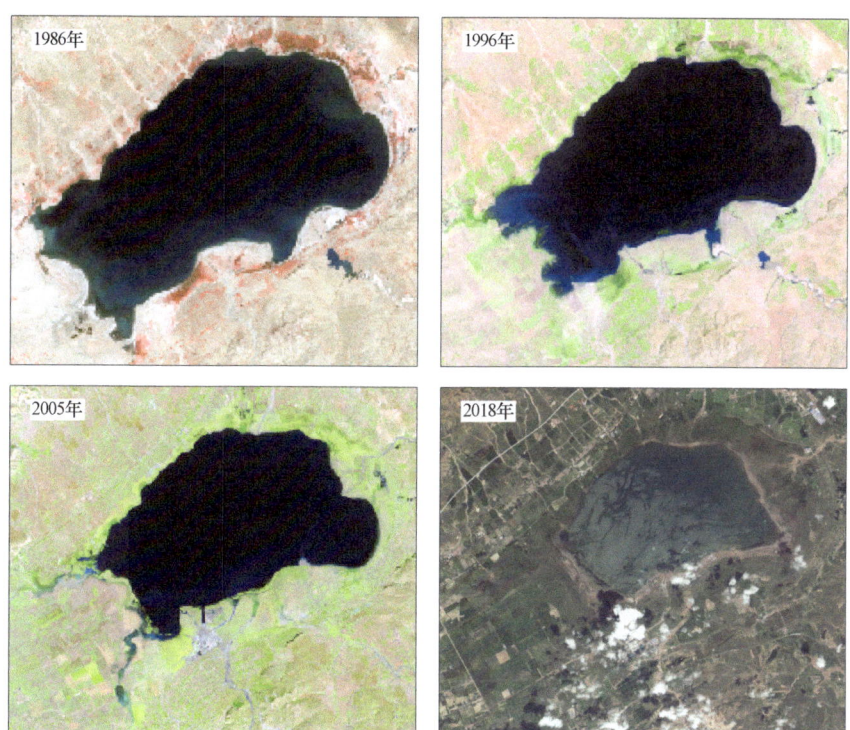

图 8.5 岱海遥感监测

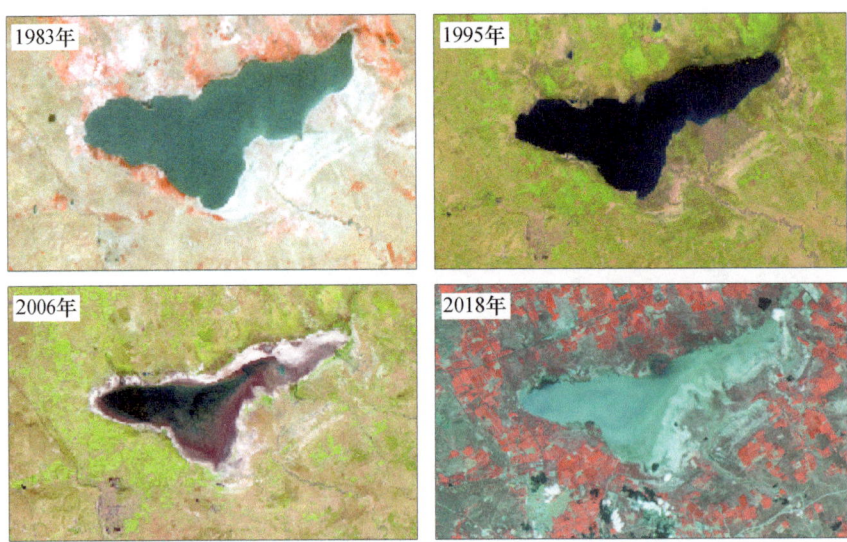

图 8.6　黄旗海遥感监测

第9章 气象灾害的生态影响

9.1 干旱气象灾害对生态系统影响评估

干旱是指水分的收支或供求不平衡而形成的水分短缺现象。干旱灾害是发生频率最高、持续时间最长、影响面最广的气象灾害,不但给内蒙古农牧业生产带来巨大的损失,还造成水资源短缺、荒漠化加剧、沙尘暴频发等诸多深远的不利影响,在一定程度上制约农牧业生产、生态环境改善和社会经济发展。

农牧业干旱灾害在内蒙古地区频发,影响严重。2018 年内蒙古春末夏初旱情严重,重旱以上区域占全区总面积的 50% 以上,且全区以中等程度干旱为主,严重影响农田播种和牧草生长;北部牧区旱情重于农区,干旱主要影响中西部北部、中部大部、东部偏南地区;导致牧草返青期推迟,植被长势偏差,牧区地上生物量总计减少 733.8 万 t。

9.1.1 干旱时空特征

(1)春末夏初旱情较重

从干旱发生时间上看(图 9.1),2018 年 5 月末 6 月初干旱快速发展,6 月份全区旱情最为严重,6 月 9 日蒙古干旱区域面积最大,发生面积为 47.7 万 km^2(阿拉善盟除外),占总面积的 56.0%。其中,特旱面积为 2.5 万 km^2,重旱面积为 16.9 万 km^2,中旱面积为 20.5 万 km^2,轻旱面积为 7.7 万 km^2,分别占全区的 3.0%、19.9%、24.0%、9.0%,6 月 25 日全区旱情又达到第二个波峰,特别是牧区干旱面积超六成,旱情较重,农区次之,东部林区相对较小;整个 6 月近 4 成区域的植被受干旱影响。7 月初,自西向东出现了大范围高强度降水天气过程,受降雨影响,全区大部地区旱情明显缓解,干旱面积减少近 20%,之后干旱面积一直在 5~20 万 km^2 范围内波动,旱情基本解除。

从干旱发生程度的时间来看,轻旱、中旱、重旱面积随着全区干旱面积的变化呈波动式变化,整体以中旱为主。6 月份全区中旱面积占比在 14%~21% 波动,其次是重旱面积占比为 12%~17%;7 月末旱情又有发展,中旱面积占比达 13%,其余时段旱情较轻。

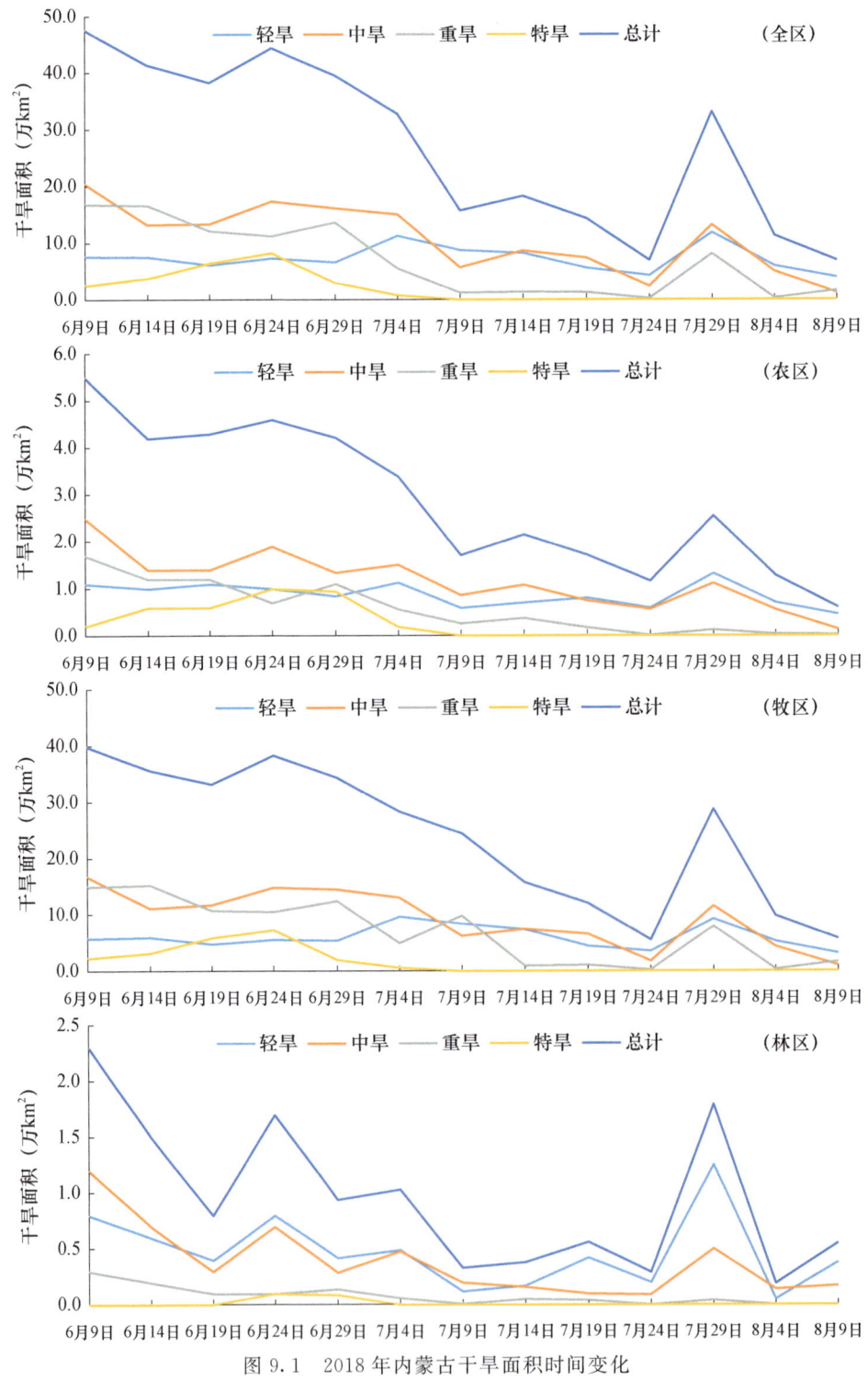

图 9.1 2018 年内蒙古干旱面积时间变化

(2) 中北部牧区旱情较重

根据 2018 年干旱空间分布情况分析，不同时期干旱区域不同，整体以中西部偏北牧区干旱发生频率最高，旱情严重。6 月 9 日干旱面积最大，中旱及以上干旱主要出现在呼伦贝尔市西南部、兴安盟东南部、通辽市南部、赤峰市大部、锡林郭勒盟北部、乌兰察布市大部、呼和浩特市西北部、包头市北部、鄂尔多斯市大部、巴彦淖尔市大部地区。干旱发生面积为 47.7 万 km²（阿拉善盟除外），占总面积的 56.0%。其中，特旱面积为 2.5 万 km²，重旱面积为 16.9 万 km²，中旱面积为 20.5 万 km²，轻旱面积为 7.7 万 km²，分别占全区的 3.0%、19.9%、24.0%、9.0%。重旱和特旱按面积大小排序：乌拉特中旗、四子王旗、松山区、元宝山区、杭锦后旗、乌拉特后旗，新巴尔虎右旗和东乌珠穆沁旗（图 9.2）。

农区发生干旱面积为 5.6 万 km²，占农区总面积的 61.3%。其中，特旱面积为 0.2 万 km²，重旱面积为 1.7 万 km²，中旱面积为 2.5 万 km²，轻旱面积为 1.1 万 km²，分别占农区总面积的 2.5%、18.4%、27.8%、12.6%。

牧区干旱面积为 39.9 万 km²，占牧区总面积的 66.2%。其中，特旱面积为 2.3 万 km²，重旱面积为 15.0 万 km²，中旱面积为 16.8 万 km²，轻旱面积为 5.8 万 km²，分别占牧区总面积的 3.8%、24.9%、27.8%、9.6%。

林区干旱面积为 2.2 万 km²，占林区总面积的 13.9%。其中，重旱面积为 0.3 万 km²，中旱面积为 1.2 万 km²，轻旱面积为 0.8 万 km²，分别占林区总面积的 1.7%、7.4%、4.8%。

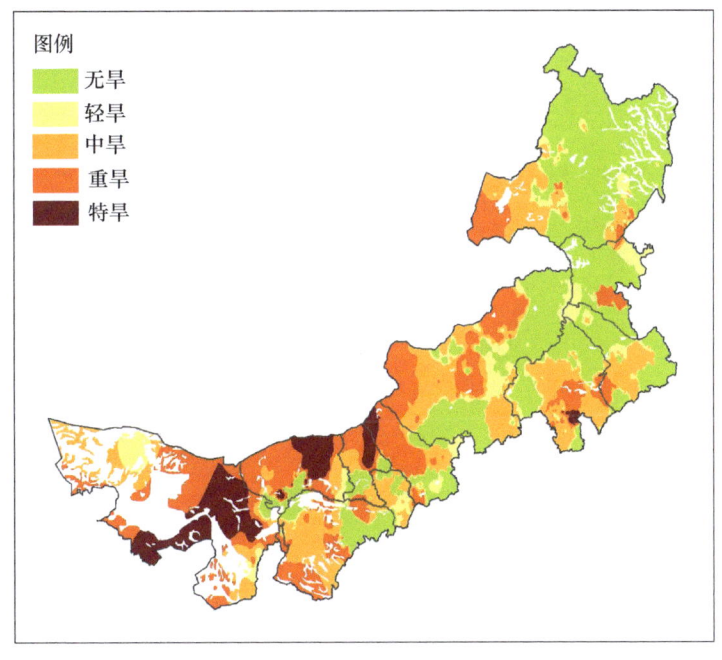

图 9.2　内蒙古 2018 年 6 月 9 日干旱分布

9.1.2 干旱对草原生态系统的影响

干旱主要导致水分胁迫，除能够改变植物的物候之外，其最直接的表现便是牧草产量的变化，进而对草原生态系统产生影响。2018年4月以来，全区多地高温少雨，加之去冬今春降水偏少，致使北部牧区、乌兰察布市、赤峰市等地出现旱情，特别是中西部北部牧区旱情持续加重，严重影响农牧民生产和生活。

牧草返青期推迟。受入春以来大部牧区气温偏高、降水持续偏少影响，全区中西部北部、中部大部、东部偏南的大部牧区牧草返青比2017年及近5年推迟4～28 d。截止6月中旬，赤峰市克什克腾旗和阿鲁科尔沁旗受干旱影响，牧草尚未返青，二连浩特市、苏尼特左旗、四子王旗等地牧草返青后受旱枯死。

植被长势差于历年同期。全区大部牧区牧草高度偏低，植被长势与历史同期比，中西部北部牧区、呼伦贝尔市西部等地差于历史同期。其中，锡林浩特市周边、包头市北部和巴彦淖尔市东部远差于历史同期；呼伦贝尔市林区、兴安盟西部、赤峰市中部和北部差于历史同期。

中西部牧草减产明显。全区大部牧区牧草产量低于1000 kg/hm^2，特别是中西部偏北的荒漠草原，牧草地上生物量不足500 kg/hm^2。

与近十年6月中旬牧草产量相比，锡林浩特市周边减产5成以上，锡林郭勒盟以西的大部牧区减产3成以上（图9.3）。主要牧区总计减产733.8万t，其中赤峰市83.7万t、锡林郭勒盟402.0万t、乌兰察布市44.6万t、包头市36.3万t、巴彦淖尔市55.4万t（表9.1）。

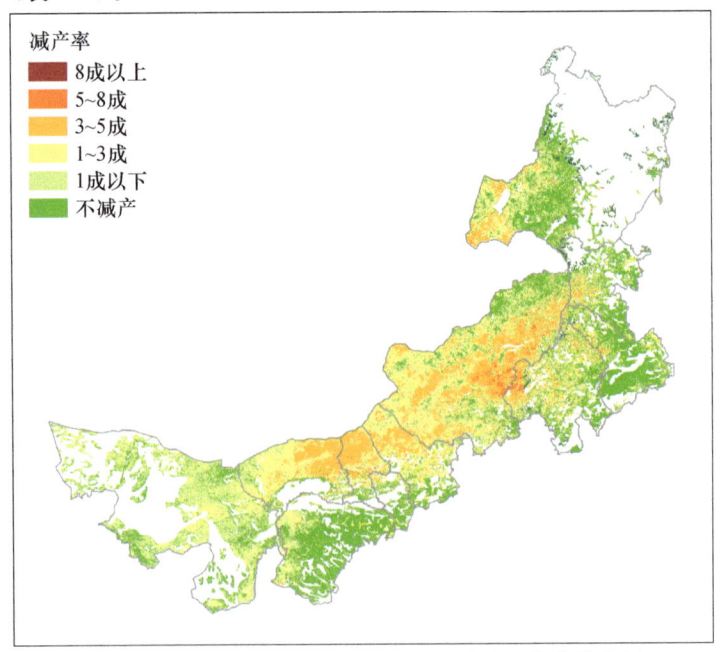

图9.3 2018年6月中旬内蒙古牧草单产变化率分布图

表9.1　2018年6月中旬内蒙古牧区重点旗县草地干旱灾害牧草减产量(单位:万t)

盟市	减产量(万t)	旗县	减产率(%)	减产量(万t)
包头市	36.3	达茂旗	30.8	34.0
		固阳区	9.7	2.3
呼伦贝尔市	76.3	陈巴尔虎旗	5.9	18.6
		鄂伦春自治旗	47.8	0.0
		满洲里市	16.7	0.5
		新巴尔虎右旗	21.6	57.2
兴安盟	11.0	科尔沁右翼前旗	4.6	11.0
通辽市	2.9	霍林郭勒市	21.8	2.0
		扎鲁特旗	0.5	0.9
赤峰市	83.7	阿鲁科尔沁旗	6.0	9.7
		巴林右旗	10.4	12.3
		巴林左旗	7.0	4.3
		克什克腾旗	23.0	57.3
锡林郭勒盟	402.0	阿巴嘎旗	22.1	60.6
		东乌珠穆沁旗	9.0	58.6
		二连浩特市	21.7	4.5
		苏尼特右旗	23.4	32.0
		苏尼特左旗	21.6	50.4
		太仆寺旗	8.4	1.8
		西乌珠穆沁旗	30.2	103.9
		锡林浩特市	36.0	61.9
		镶黄旗	26.0	11.1
		正蓝旗	8.6	8.9
		正镶白旗	14.6	8.3
乌兰察布市	44.6	察哈尔右翼后旗	17.4	4.5
		察哈尔右翼中旗	13.0	3.7
		化德县	7.0	0.8
		商都县	8.5	1.8
		四子王旗	24.5	33.8
巴彦淖尔市	55.4	乌拉特后旗	15.2	15.7
		乌拉特中旗	29.0	39.7
阿拉善盟	21.5	阿拉善右旗	6.0	8.6
		阿拉善左旗	4.2	8.9
		额济纳旗	4.5	4.1

9.1.3 小结

(1)2018年6月内蒙古一半以上的区域发生干旱,且全区以中等程度干旱为主;7月初受降雨影响,全区大部地区旱情明显缓解,进入7月末全区旱情基本解除。

(2)2018年内蒙古中西部偏北牧区干旱发生频率最高。重旱和特旱主要分布在:乌拉特中旗、四子王旗、松山区、元宝山区、杭锦后旗、乌拉特后旗,新巴尔虎右旗和东乌珠穆沁旗。

(3)受干旱影响内蒙古中西部北部、中部大部、东部偏南的大部牧区牧草返青推迟,中西部北部牧区、呼伦贝尔市西部等地植被长势差于历史同期。

(4)内蒙古牧区地上生物量总计减少733.8万t。其中赤峰市83.7万t、锡林郭勒盟402.0万t、乌兰察布市44.6万t、包头市36.3万t、巴彦淖尔市55.4万t。

9.2 沙尘遥感监测及生态影响评估

2018年气象卫星在内蒙古地区有效监测沙尘天气过程15次,相比去年增加10次,其中有9次影响范围超过8万km^2。全区被沙尘覆盖过的区域面积达76.36万km^2,占全区总面积的64.54%(图9.4)。全区12个盟市均不同程度受到沙尘天气影响,其中一些被云覆盖的区域未能有效监测。

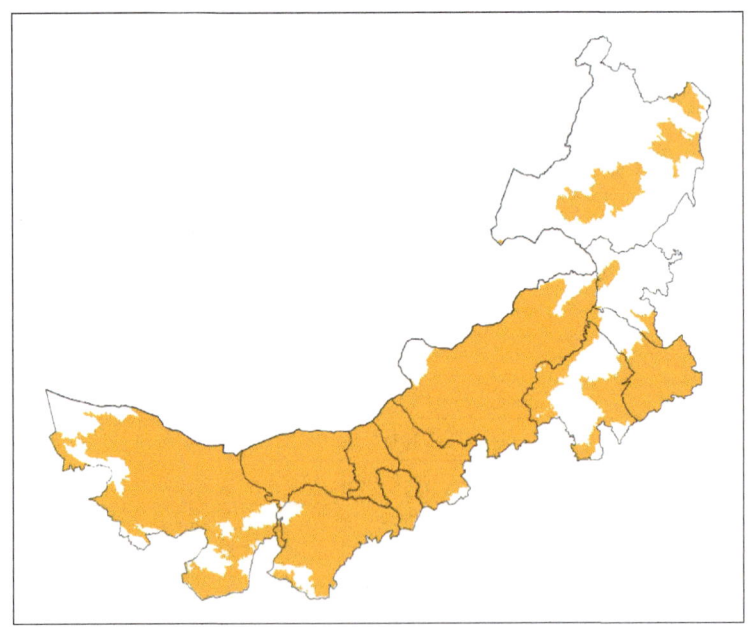

图9.4 2018全年沙尘影响区域

全年沙尘天气过程以扬沙、沙尘暴天气为主,内蒙古境内沙尘源的局地加强作用显著。此外,中西部地区仍是沙尘天气明显的高影响区。表9.2列出了这15次沙尘过程的发生时间、影响范围及能见度范围。4月9—11日的沙尘过程强度大、影响范围广、持续时间长。全年的沙尘天气过程集中在上半年,共发生14次,占比达93%,主要集中在3—5月;下半年仅监测到一次沙尘天气过程。春季仍是全区沙尘天气的高发季节,内蒙古地区干旱少雨、春季气温回升较快,主要沙尘源区地表植被还未返青、土壤干燥疏松,在较强天气条件下极易发生沙尘天气。

表9.2 2018年遥感监测沙尘天气信息

发生时间	能见度范围(km)	沙尘强度	覆盖面积(万 km^2)	主要覆盖的盟市区域
2月8日	2~5	扬沙、沙尘暴	15.04	阿拉善盟、巴彦淖尔市、包头市、锡林郭勒盟、乌兰察布市
3月6日	2~5	扬沙、沙尘暴	8.34	阿拉善盟、巴彦淖尔市、包头市
3月15日	2.5~4.5	扬沙	0.83	阿拉善盟
3月27—29日	2~5	浮尘、扬沙	24.59	阿拉善盟、巴彦淖尔市、包头市、锡林郭勒盟、乌兰察布市
4月1—2日	3~5	浮尘	20.01	阿拉善盟、锡林郭勒盟、呼伦贝尔市、乌兰察布市
4月4日	2~6	扬沙、沙尘暴	8.82	阿拉善盟、巴彦淖尔市
4月7日	4~6	浮尘、扬沙	3.68	巴彦淖尔市、包头市、锡林郭勒盟、乌兰察布市
4月9—11日	1~10	浮尘、扬沙、沙尘暴	45.13	阿拉善盟、巴彦淖尔市、包头市、锡林郭勒盟、乌兰察布市、鄂尔多斯市
4月13日	1~5	扬沙、沙尘暴	16.19	巴彦淖尔市、包头市、锡林郭勒盟、乌兰察布市
4月30日	2~6	扬沙	3.17	锡林郭勒盟
5月8日	2~10	扬沙	1.45	阿拉善盟
5月22—23日	2~5	扬沙	4.63	锡林郭勒盟、赤峰市
5月25—27日	1~10	扬沙、沙尘暴	22.3	阿拉善盟、巴彦淖尔市、包头市、锡林郭勒盟、乌兰察布市
6月11日	2~5	扬沙	1.35	锡林郭勒盟
11月26日	1~6	扬沙、沙尘暴	20.72	巴彦淖尔市、包头市、锡林郭勒盟、乌兰察布市、呼和浩特市

2018年沙尘影响的区域范围较大,但不同地区受影响的频次却有较大差异,中西部地区仍是受沙尘天气影响最多的地区(图9.5)。15次过程中,被影响到5次以上的盟市有阿拉善盟、包头市、乌兰察布市、巴彦淖尔市和锡林郭勒盟。其中,包头市达茂旗,阿拉善盟额济纳旗、巴彦淖尔市乌拉特中旗、锡林郭勒盟的苏尼特右旗、苏尼特左旗、镶黄旗等旗县的部分地区均被8次沙尘天气过程影响。

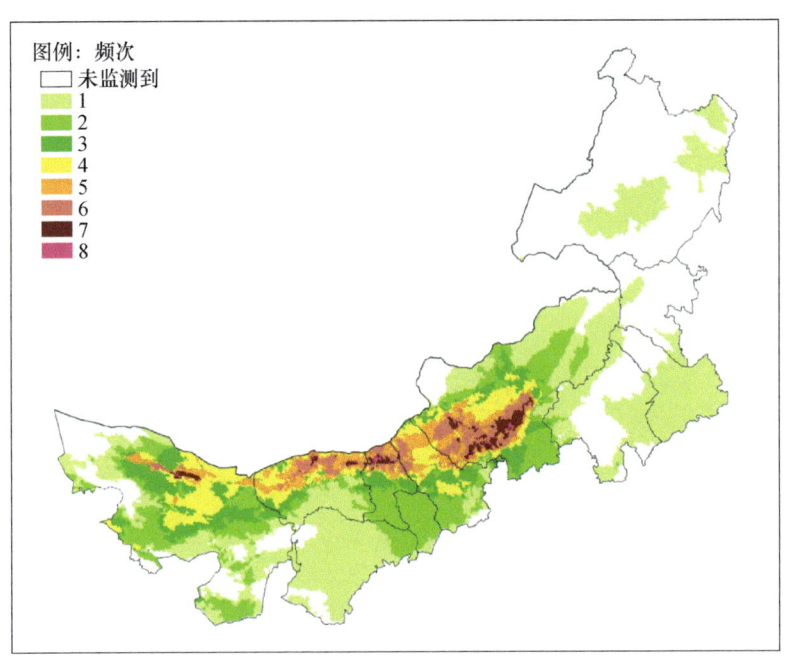

图9.5 2018年遥感监测沙尘发生频次等级图

2018年沙尘主要为浮尘、扬沙和局地沙尘暴,中西部地区仍是受沙尘天气影响最重的地区(图9.6)。通过遥感监测的沙尘强度指数对15次过程平均强度的统计,可以看出平均沙尘强度达到沙尘暴级别盟市有鄂尔多斯市、巴彦淖尔市和锡林郭勒盟、阿拉善盟局部地区,其中4月9日的过程贡献较大。

2018年锡林郭勒盟、阿拉善盟、巴彦淖尔市、乌兰察布市是受沙尘天气影响面积最大的盟市,累计影响面积都在20万 km^2 以上,其中,锡林郭勒盟累计影响面积达62.92万 km^2(图9.7)。

2018年累计影响面积超过4万 km^2 的旗县有阿拉善盟阿拉善左旗、阿拉善右旗、额济纳旗,巴彦淖尔市乌拉特中旗、乌拉特后旗,锡林郭勒盟苏尼特右旗、苏尼特左旗、阿巴嘎旗、东乌珠沁旗、锡林浩特,乌兰察布市四子王旗,包头市达茂旗。其中,阿拉善右旗累计受影响面积最大,达18.02万 km^2(图9.8)。

第 9 章 气象灾害的生态影响

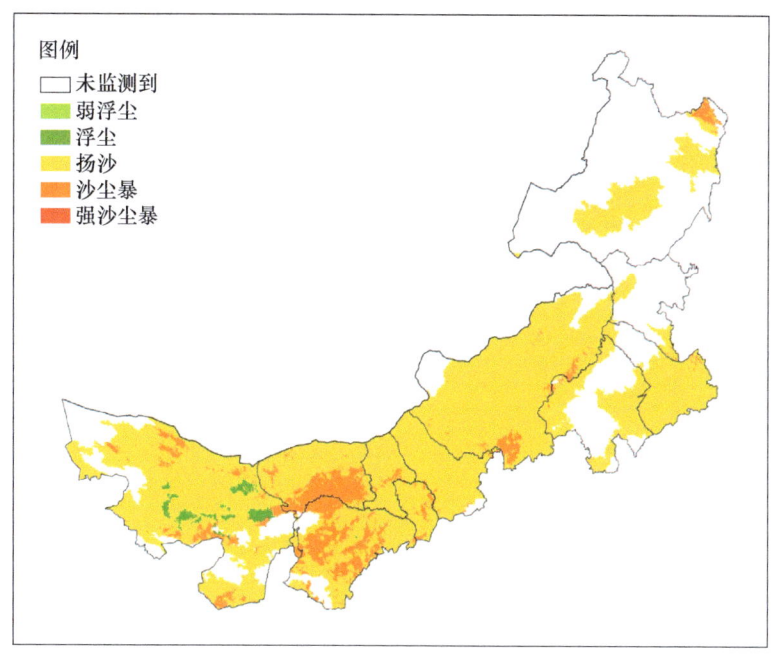

图 9.6 2018 年沙尘遥感监测全区平均沙尘强度

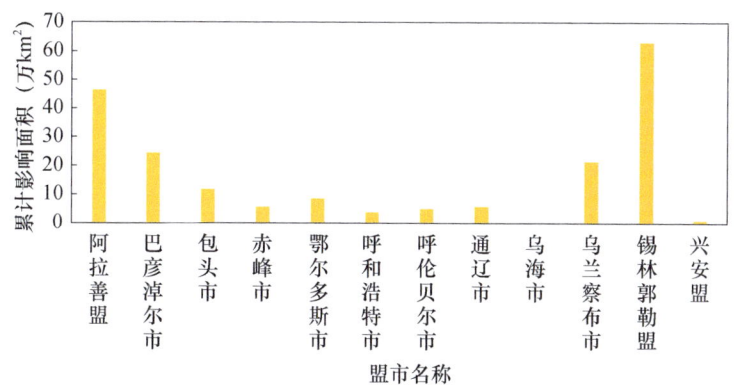

图 9.7 2018 年全区各盟市沙尘过程累计影响面积

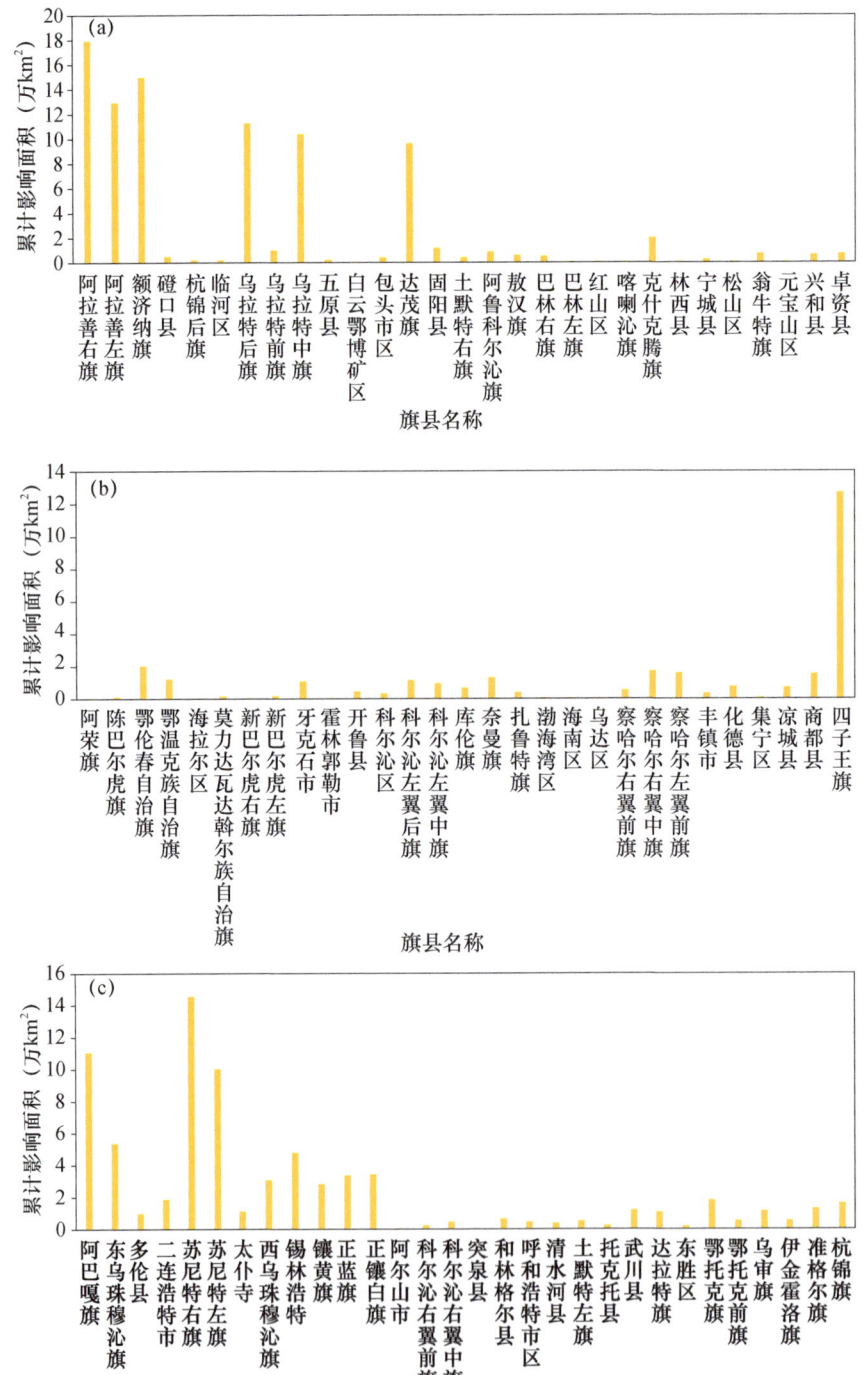

图 9.8 2018 年全区各旗县沙尘过程累计影响面积

9.3 积雪监测及生态影响评估

2018年全区大部有积雪覆盖,面积约为116.83万 km²,约占全区总面积的98.75%,呈现东多西少的空间分布特征。日最大积雪深度为47 cm,为2011年来第三高,出现在兴安盟阿尔山站(2018年3月4日),较近七年(2011—2017年)平均偏大4.86 cm,比2012年和2013年稍低、接近于2012年(表9.3),未发生积雪灾害。

表9.3 2011—2018年内蒙古日积雪最大值、出现测站和出现日期统计表

年份	日积雪最大值(cm)	出现测站	出现日期
2011	37	牙克石	2月23日
2012	51	喀喇沁	11月5日
2013	55	牙克石	3月27日
2014	42	牙克石	3月12日
2015	32	正镶白	12月31日
2016	40	正镶白	1月24日
2017	38	阿尔山	2月20日
2018	47	阿尔山	3月4日

利用FY-3A/VIRR和FY-3B/VIRR极轨气象卫星遥感监测资料,结合地面监测信息,对内蒙古自治区2018年积雪覆盖和积雪深度分布状况进行监测分析(邓晓东 等,2007;杨丽萍 等,2007,2008)。监测结果显示,2018年全年(1—3月和11—12月),全区遥感监测积雪呈现东部地区雪深较深、中部和西部地区雪深较小的空间分布特征。积雪深度大于25 cm的地区主要分布在呼伦贝尔市西南部地区和兴安盟西北部局部地区;雪深介于15~25 cm的区域位于呼伦贝尔市大部、兴安盟西北部、锡林郭勒盟东北部局部地区,其余地区除阿拉善盟和鄂尔多斯市的局部地区无雪外,大部雪深小于15 cm(图9.9)。

2018年1—3月,全区雪深较大区域主要出现在呼伦贝尔市、兴安盟西北部和锡林郭勒盟东北部部分地区;其余地区积雪覆盖较浅。2018年下半年积雪出现较晚,且雪深较小,2018年11—12月,全区雪深较大区域出现在呼伦贝尔市中部局部地区、阿拉善盟大部、鄂尔多斯市大部、巴彦淖尔市大部、包头市南部、呼和浩特市中南部、乌兰察布市西南部和通辽市东南部地区无积雪覆盖,其余地区积雪深度较小(图9.10)。2018年1—3月明显较2018年11—12月积雪覆盖面积大、雪深也显著

较深,尤其是在呼伦贝尔市北部、兴安盟西北部和锡林郭勒盟东北部部分地区;在2018年11—12月无积雪覆盖区域显著大于2018年1—3月,这表明2018年全区积雪主要出现在上半年。从旬积雪检测实况来看,2018年下半年降雪过程较少,大部地区无积雪覆盖或雪深较小。

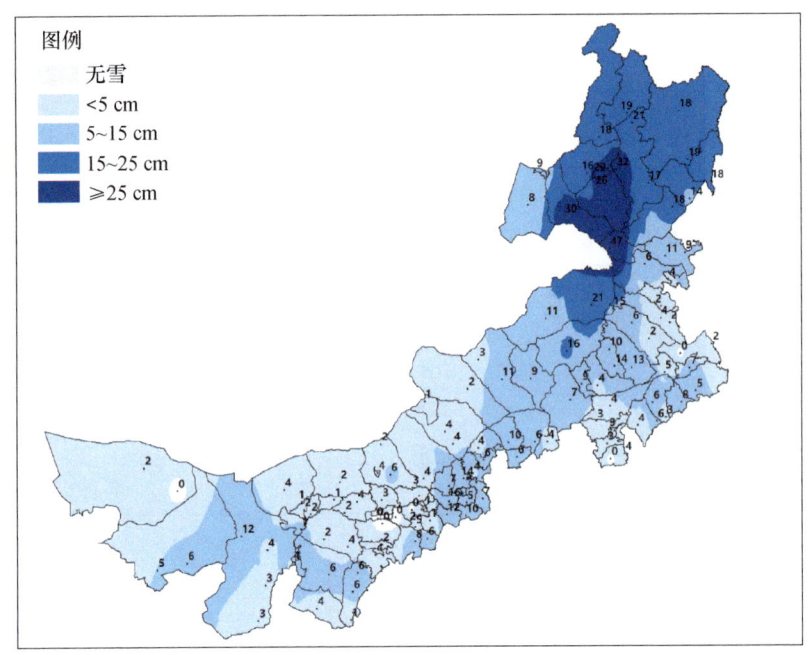

图9.9 2018年内蒙古遥感监测积雪覆盖等级图

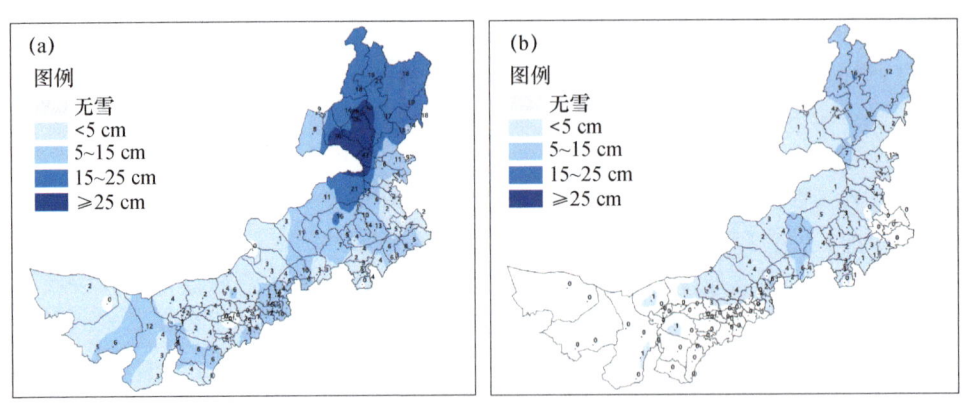

图9.10 2018年1—3月(a)和11—12月(b)内蒙古遥感监测积雪覆盖等级图

2018年全区大部有积雪覆盖,面积约为116.83万 km^2,约占全区总面积的98.75%。不同积雪深度区域覆盖面积及受影响人口和牲畜情况如表9.4所示。

总体上,2018年全区大部地区有积雪覆盖,面积约占全区总面积的98.75%。雪深分布呈现东多西少的空间分布特征,1—3月雪深大值区主要分布在呼伦贝尔市西南部地区、兴安盟西北部和锡林郭勒盟东北部局部地区,11—12月雪深大值区主要分布在呼伦贝尔市中部局部地区。2018年日雪深最大值为47 cm,较近五年平均偏高。

表9.4　2018年内蒙古积雪覆盖面积及受影响人口和牲畜情况

地区	积雪总面积(万 km²)	雪深小于5厘米面积(万 km²)	雪深5~15 cm区域			雪深15~25 cm区域			雪深大于25 cm区域		
			面积(万 km²)	受影响人口(万人)	受影响牲畜(羊单位,万)	面积(万 km²)	受影响人口(万人)	受影响牲畜(羊单位,万)	面积(万 km²)	受影响人口(万人)	受影响牲畜(羊单位,万)
全区	116.83	48.66	41.18	660.39	4782.30	21.91	459.06	1455.09	5.08	88.81	288.20
呼伦贝尔市	25.30		2.66	47.88	254.29	18.52	134.48	819.03	4.12	88.13	282.65
兴安盟	5.98	1.92	2.80	59.29	465.58	0.53			0.73	0.67	5.55
通辽市	5.94	2.87	3.05	67.44	645.31	0.02					
赤峰市	8.94	3.01	5.93	130.24	1190.53						
锡林郭勒盟	20.26	6.32	10.89	48.86	851.15	2.82	5.91	339.02	0.23		
乌兰察布市	5.50	2.09	3.39	213.87	1046.40	0.02	318.67	297.04			
呼和浩特市	1.72	1.37	0.35	9.38	15.69						
包头市	2.60	2.41	0.19	3.64	11.47						
巴彦淖尔市	6.44	6.14	0.30	6.51	5.83						
鄂尔多斯市	8.65	5.37	3.28	38.55	209.95						
阿拉善盟	25.33	17.15	8.18	2.00	73.25						
乌海市	0.17	0.01	0.16	32.73	12.84						

9.4　森林草原火情监测及火险气象等级评述

内蒙古自治区草地和森林地域广阔,类型多样,为自治区生产和生活提供了良好的基础。但是草原和森林春秋季节干旱风大,尤其是东部地区牧草茂密,枯枝落叶丰厚,火灾频繁发生,破坏了自然资源和生态平衡,给畜牧业生产及人民生活造成了巨大损失。

9.4.1 监测内容及方法

(1)监测对象与监测内容

主要监测全区和边境地区草原与森林火点及高温点。

(2)数据与方法

森林草原火情监测采用的卫星数据来自 MODIS(TRREA 和 AUQA)、FY-3A/B VIRR、NPP、Himawari-8 和 NOAA-19。主要通过卫星传感器可见光和红外通道发现明火火点以及附近的烟雾来进行火情监测。

火险气象等级评估采用的数据来自地面气象观测中的温度、降水、风速和风向数据。主要通过综合平均气温距平、降水距平百分率以及高温区风速、风向以及下垫面植被生长情况等信息来进行火险气象等级预测和评估。

9.4.2 内蒙古地区草原森林火点的时空分布概况

2018 年全年内蒙古遥感监测森林草原火情结果显示,全区监测到火点 101 次,其中草原火点 15 个,森林火点 59 个,境外火点 25 个,农区火点和其他火点 2 个。火点主要分布在内蒙古中东部地区。呼伦贝尔市、锡林郭勒盟和兴安盟为草原火灾多发区。其中,锡林郭勒盟东乌珠穆沁旗、呼伦贝尔市陈巴尔虎旗和新巴尔虎旗为境外火频繁入境地区。而森林草原火情发生最频繁区域在 43°～53°N,113°～126°E 区域(图 9.11)。

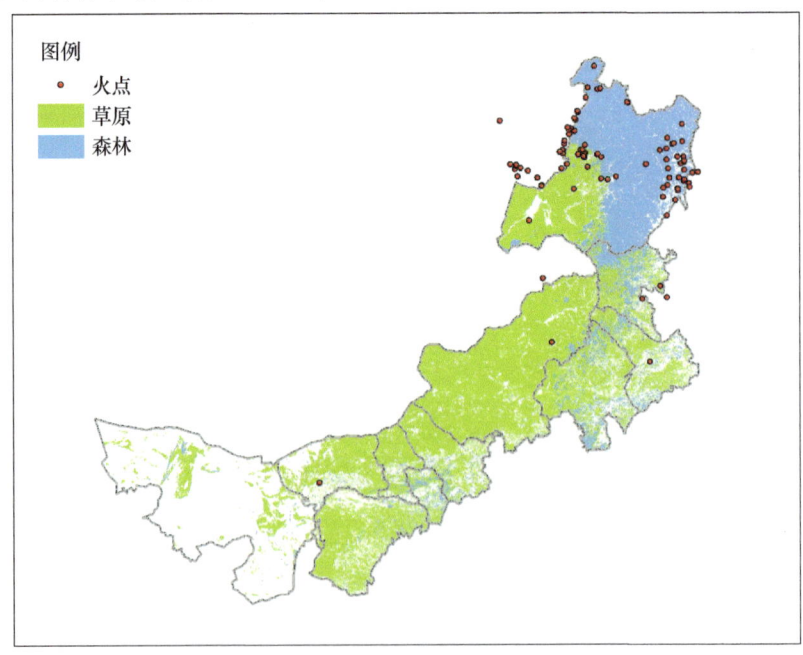

图 9.11 2018 年遥感监测火点分布图

从时间上看,2018年春季的3—7月份火情频繁发生,特别是4月份是火情最严重(火点最多)的时期,火点有34个,占全部的33.66%。9月份到10月份初也是火情频繁发生时期。11月中旬至次年2月由于降雪增大,大部分枯枝落叶被覆盖在雪被下,此时不易发生火情(图9.12)。

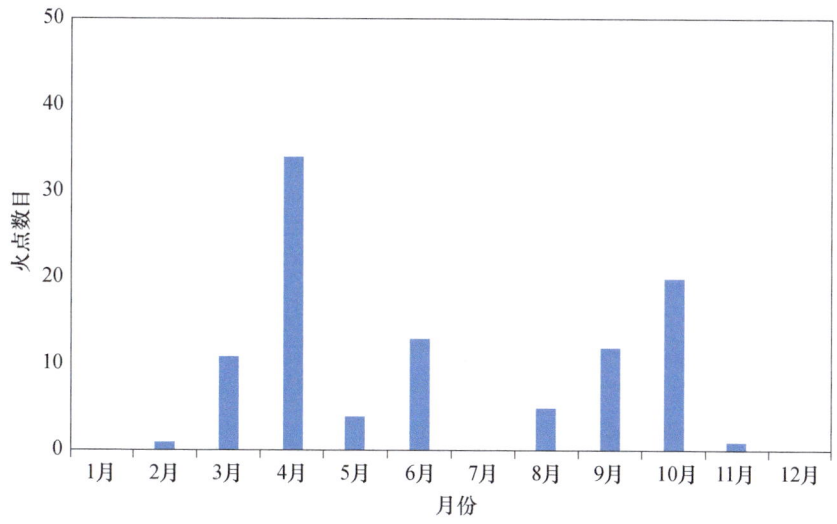

图9.12 2018年全年逐月遥感监测火点数目

9.4.3 内蒙古地区草原森林火点的类型

据监测结果显示,2018年全年内蒙古自治区监测到的火点中,境外火占24.75%,草原火占14.85%,森林火占58.42%,农区和其他类型的火点占1.98%(图9.13)。

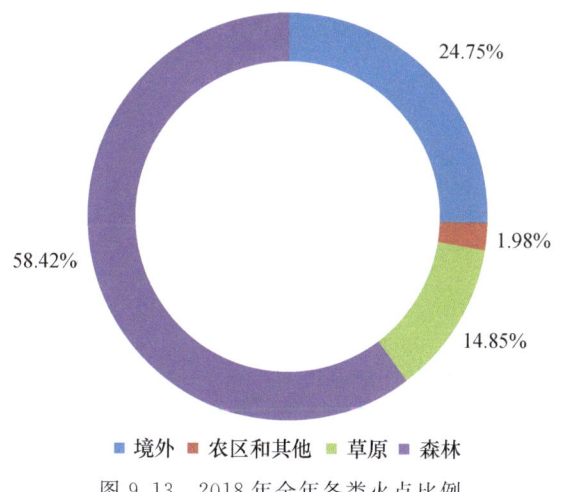

图9.13 2018年全年各类火点比例

根据监测结果显示,草原火发生期多为西北风,特别是境外火引起的我国草原火灾,大多是由于俄罗斯或蒙古国的火种随西北风向南和向东南方蔓延进入内蒙古,特别是对于呼伦贝尔市西部和锡林郭勒盟东北部草原区。据统计,2018年内蒙古边境的境外火达25次。

9.4.4 火险气象等级评述

(1)春季火险气象等级评述

结合考虑前期植被长势、当前积雪覆盖、土壤水分状况,当前火险等级较往年偏低。随气温逐渐升高,积雪逐渐融化,再加上地面风速偏大,部分地区下垫面已具备燃烧条件,目前呼伦贝尔市东南部、兴安盟大部、通辽市大部、赤峰市大部、乌兰察布市西南部、呼和浩特市中部、包头市东南部、巴彦淖尔市河套地区以及贺兰山地区火险等级高,可燃烧,能蔓延,其他地区基本不具备燃烧条件。

结合春季天气过程预测、下垫面植被状况及积雪消融规律,春防前期(4月10日前)呼伦贝尔市西部及东南部、兴安盟大部、通辽市、赤峰市、锡林郭勒盟大部、乌兰察布市西南部、呼和浩特市中北部、包头市中南部、鄂尔多斯市中南部、巴彦淖尔市河套灌区、贺兰山林区及黑河流域林区火险等级在高级或以上,可燃烧,能蔓延;特别是锡林郭勒盟东北部草原区火险等级极高,应特别关注。春防中后期(4月10日后),东部地区积雪覆盖融化,火险等级迅速升高,预计大兴安岭林区、赤峰市林区、大青山林地、贺兰山林区及黑河流域林区火险等级很高,其中大兴安岭北部边境林区火险等级极高,应加强防范。呼伦贝尔市西部、兴安盟、通辽市北部、赤峰市大部、锡林郭勒盟中东部、鄂尔多斯市东南部等地的草原区及农牧交错区火险等级在高级或以上,其中兴安盟西部、锡林郭勒盟东北部边境草原火险等级很高或极高,需重点加强防范;其余地区森林草原火险等级相对较低(图9.14)。

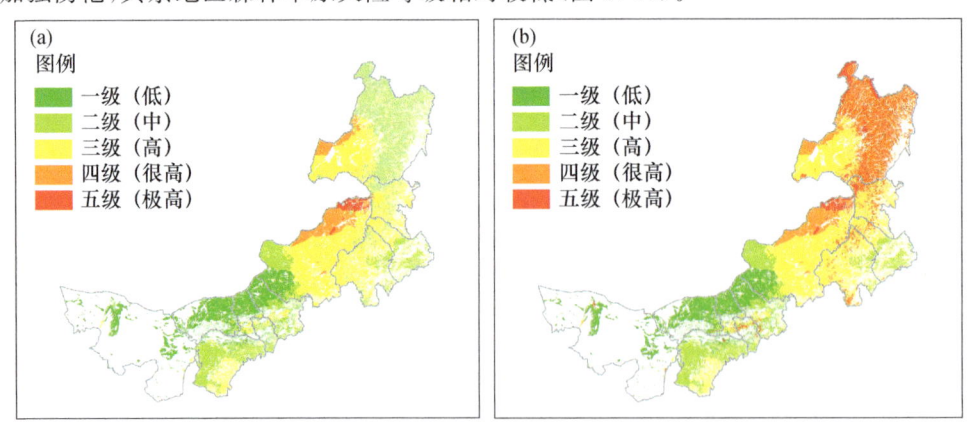

图9.14 2018年春季防火前期(a)和中后期(b)趋势预报图

2018年春防前期(3—4月)火险等级较高的区域主要以控制人为火源为主,特别是农牧林交错区需重点防范农作物秸秆失火问题。4月上旬随着气温升高,积雪覆盖融化,中东部及西部的鄂尔多斯地区火险等级升高,应加强管护和巡视,做好防火区车辆管护及防火意识教育工作,较高火险等级区域严禁一切野外用火。另外,历年来全区东北边境火灾频发,春防需加强境外火监测、预防工作。

(2)秋季火险气象等级评述

综合前期气象条件、下垫面植被状况及秋季气候预测情况,2018年秋季森林草原防火形势是:入夏后降水偏多、气温偏高,全区大部植被长势良好,可燃物承载量较高。进入秋季,植被逐渐枯黄,森林、草原火险等级升高,预计今年呼伦贝尔市西部及北部、锡林郭勒盟北部、乌兰察布市中部、呼和浩特市北部火险等级很高,易燃烧、能蔓延,火险等级很高(图9.15)。

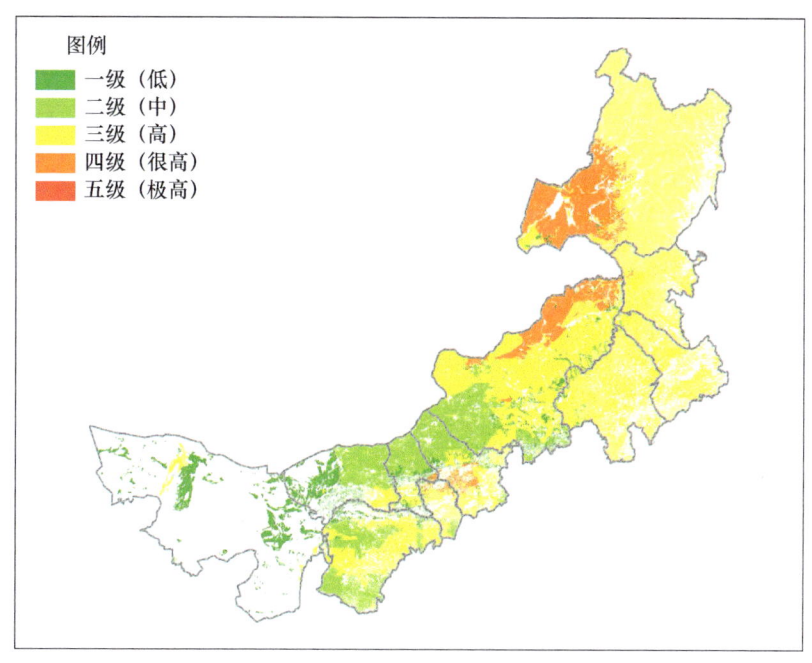

图9.15　2018年秋季防火趋势预报图

2018年秋季防火重点在呼伦贝尔市西部及北部、锡林郭勒盟北部、乌兰察布市中部、呼和浩特市北部。尤其是大兴安岭和大青山地区火险等级较高。进入秋季,植被逐渐枯黄,森林、草原火险等级升高,提醒有关部门管控进入防火区的人员和车辆,认真做好安全排查和教育工作,预防人为火灾的发生;2018年草原区植被长势良好,下垫面可燃物积累较多,需做好生产和野外用火安全工作,高度关注境外火入境造成的影响。

9.5 森林草原农田病虫害发生气象条件监测评估

病虫害是影响内蒙古农林牧产业稳产、高产的重要因素之一,它具有种类多、影响大、时常暴发成灾的特点。据联合国粮农组织估计,世界粮食生产因虫害常年损失 14%,因病害损失 10%。

9.5.1 2018 年病虫害灾情概述

受暖冬造成病虫害越冬基数加大,气温偏高、旱涝不均、大风、冰雹等气象灾害频发影响,2018 年内蒙古森林草原农田病虫害为中度偏重发生年份,局部重度发生。

据不完全统计,全区病虫害农田受灾面积 57.25 万 hm^2,牧草受灾面积 185.24 万 hm^2,其中严重发生面积 55.72 万 hm^2。2018 年病虫害发生种类繁多,涉及面积广泛,尤以蝗虫、草地螟、玉米螟、地老虎、马铃薯晚疫病为重,其中越冬代草地螟出现蛾峰,蛾量是 2008 年草地螟在内蒙古自治区暴发后至今为止最大的。主要分布在兴安盟 5 旗县市区、呼伦贝尔市 4 旗县市区和赤峰市北部 3 旗县(表 9.5)。

表 9.5 2018 年内蒙古森林草原农田发生的病虫害名录

盟市	旗县	灾害名称	发生时间	农作物受灾面积(hm^2)	牧草受灾面积(hm^2)	牧草严重发生面积(hm^2)
锡林郭勒盟	东乌珠穆沁旗、镶黄旗、苏尼特左旗、苏尼特右旗、正镶白旗、阿巴嘎旗、锡林浩特市、二连浩特市	沙葱萤叶甲			310530	191320
	正镶白旗、锡林浩特市、西乌珠穆沁旗、太仆寺旗、正蓝旗、多伦县、镶黄旗、东乌珠穆沁旗	蝗虫			307490	184760
	乌拉盖	步甲			1800	1070
	太仆寺、正蓝旗	马铃薯晚疫病	截至 8 月上旬	2668		

续表

盟市	旗县	灾害名称	发生时间	农作物受灾面积(hm²)	牧草受灾面积(hm²)	牧草严重发生面积(hm²)
乌兰察布市	察右前旗	象甲	5月下旬	5.36		
	丰镇、察右后旗、化德、商都、察右中旗、察右前旗、卓资、兴和	蝗虫	4月末至6月	56695		
	商都、后旗、卓资、前旗、中旗	芫菁	6月中下旬	8204		
	察右后旗、察右中旗、察右前旗、兴和、四子王旗	马铃薯病害	7月	85062		
	商都	地老虎	5月	8004		
兴安盟	扎赉特旗、科右前旗、科右中旗	地老虎	5月	15408		
	科右前旗、乌兰浩特市、阿尔山、扎赉特旗	草地螟	5月底至6月初		500250	
	突泉等旗县	蝗虫			473570	180090
	突泉、扎赉特旗、乌兰浩特市	玉米螟	6月上旬至7月中旬	72703		
呼伦贝尔市	扎兰屯、阿荣旗、额尔古纳市	地老虎	5月	1334		
	牙克石、额尔古纳市、扎兰屯市、阿荣旗	草地螟	5月底至6月初		80040	
	牙克石市、阿荣旗、扎兰屯市	马铃薯晚疫病	截至7月	6757		
呼和浩特市	塞罕区、托克托县	地老虎	5月	2014		
	呼和浩特市	蝗虫	5—6月		65366	
	清水河、武川	马铃薯晚疫病	截至8月上旬	1334		
赤峰市	林西、克什克腾旗、巴林左旗、阿鲁科尔沁旗、喀喇沁旗、林西	蝗虫	5—6月		46690	
	巴林右旗、巴林左旗、阿鲁科尔沁旗	草地螟	5月底至6月初		53360	
	巴林右旗、巴林左旗	玉米螟	6月上至7月中	171085		
	喀喇沁旗、翁牛特旗、松山区	马铃薯晚疫病	截至8月上旬	2068		

续表

盟市	旗县	灾害名称	发生时间	农作物受灾面积(hm²)	牧草受灾面积(hm²)	牧草严重发生面积(hm²)
包头市	达茂旗	蝗虫	5—6月		13340	
通辽	开鲁、科左中旗	玉米螟	6月上旬至7月中旬	138536		
阿拉善盟	阿拉善左旗	玉米螟	6月上旬至7月中旬	667		

9.5.2　2018年病虫害发生气象条件监测

农作物病虫害除了受其自身的生物学特性及越冬基数影响外，还受农作物品种、耕作栽培制度、施肥与灌溉水平的制约，特别是受气象条件的影响较大。气象条件与病害的发生流行，虫害的越冬、发育和繁殖均有着密切的关系，在其他因素具备的条件下，气象条件往往成为决定病虫害发生流行的极度关键因素。

（1）温度偏高有利于各种害虫虫卵的顺利越冬

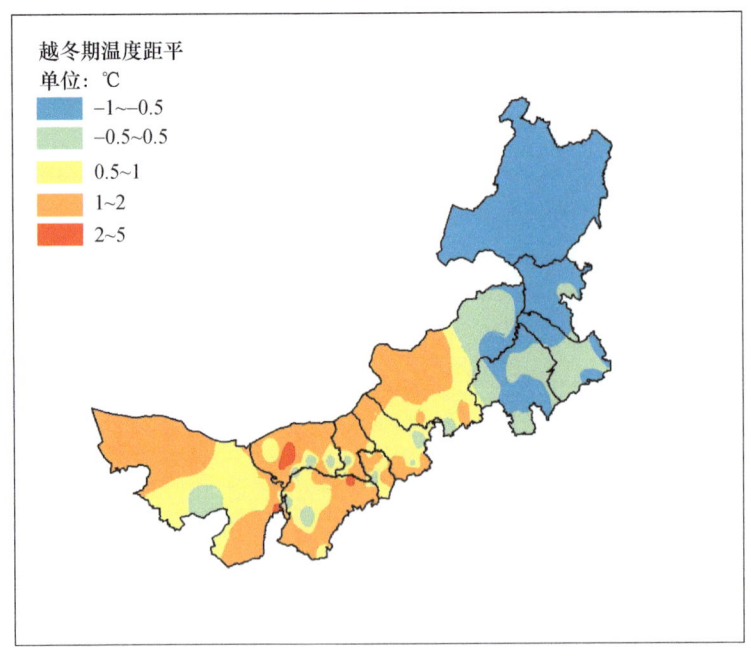

图9.16　越冬期(2017年11月至2018年3月)内蒙古地区气温距平图

2017年11月至2018年3月(越冬期)内蒙古气温较往年(1981—2010年)大部偏高0.5～2 ℃(图9.16),仅东部地区气温持平或偏低−1～−0.5 ℃。温度偏高地区有利于各种害虫虫卵的顺利越冬及其存活率的提高,并为翌年灾害的发生提供了充足的虫源基数。据2017年秋季病虫越冬基数调查,全区10个盟市31个旗县市区共查666 m²,加权平均有蝗卵6.08粒/m²,较上年平均值2.06粒/m²多195.1%。越冬成活率为98.33%,较去年92.41%高5.92%。

2018年内蒙古越冬期平均气温为−8.5 ℃,比历史同期平均值偏高0.2 ℃,比上年同期偏低1.2 ℃。

(2)气温偏高有利于虫卵孵化

4—5月平均气温与常年同期相比,全区大部偏高1～3 ℃(图9.17),春季气温偏高,有利于蝗螨的孵化和发生危害。同时,利于草地螟越冬老熟幼虫的化蛹、羽化,如果春季苗情好,蜜源植物丰富,外地迁入成虫会增多。

据全区各区域测报站跟踪调查统计,蝗虫绝大部分发生在农田周边草滩草坡,个别地块开始入侵农田。种类以毛足棒角蝗、白边痂蝗、笨蝗、宽翅曲背蝗等为主。

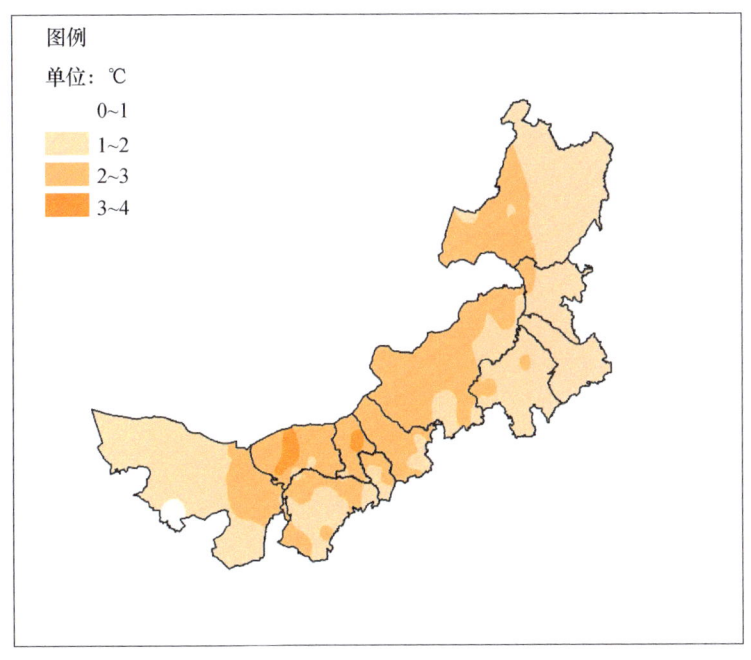

图9.17 2018年4—5月内蒙古地区内蒙古地区气温距平图

(3)7月降水偏多对玉米螟、草地螟幼虫的发生和危害有利

2018年7月内蒙古大部地区降水与常年同期相比偏多25%～200%(图9.18),有利于玉米螟、草地螟幼虫的发生、发展和危害;同时,7月以来的多次降水也利于马

铃薯晚疫病的发生。

根据 8 月 9 日内蒙古马铃薯晚疫病监控预警系统的监测结果，全区 76 个监测点，乌兰察布市 11 个旗县 26 个、呼伦贝尔市 4 旗县市区 7 个、锡林郭勒盟 3 个旗、兴安盟 1 个旗、呼和浩特市 3 个县区 4 个、鄂尔多斯市 3 个旗县、包头市 2 个旗县，共 46 个监测点达到红色预警（三级及以上侵染）。

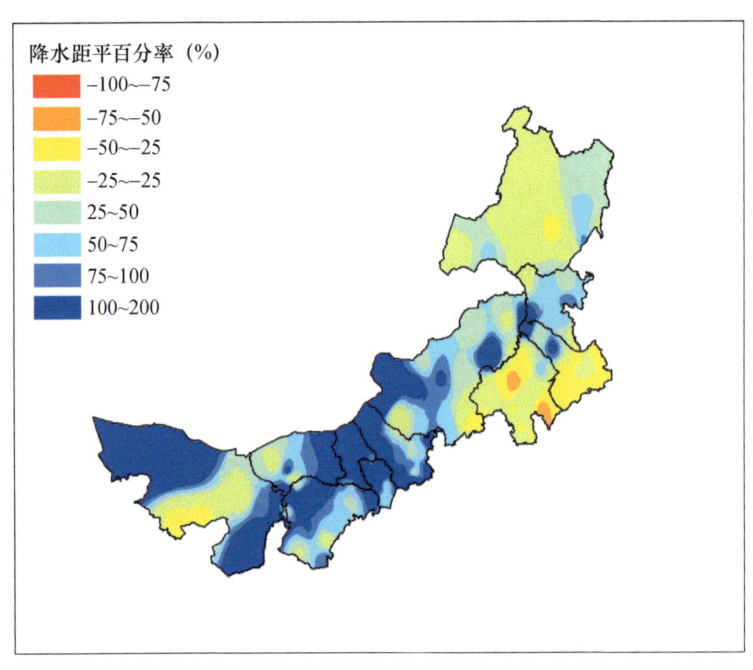

图 9.18　2018 年 7 月内蒙古地区降水距平百分率

9.5.3　气候变化对病虫害的影响

随着气候不断变暖，年内的有效积温呈现出快速增加的趋势，使害虫的发育时间大大缩短，减小了害虫的冬眠时间，增加了害虫的繁殖代数。气候变暖，高温带出现北移趋势，增加迁飞性害虫的分布区域。冬季变暖、夏季炎热、春季气温回升早，使害虫爆发的时间提前，危害程度不断加剧。

参考文献

陈惠兰,肖斌,舒斯红,2014. 基于多源遥感影像的城市绿化遥感测定研究[J]. 数字技术与应用(7):96-99.

陈素华,李红宇,2007. 影响内蒙古草地蝗虫生存与繁殖的关键气象因子[J]. 中国农业气象(4):463-466.

程高,张宝林,常成虎,2013. 浑善达克地区典型植被NDVI与温度、降水的相关性分析[J]. 湖北农业科学,52(6):1298-1303.

慈龙骏,吴波,1997. 中国荒漠化气候类型划分与潜在发生范围的确定[J]. 中国沙漠,17(2):107-112.

戴小枫,叶志华,曹雅忠,等,1999. 浅析我国农作物病虫草鼠害成灾特点与减灾对策[J]. 应用生态学报(1):121-124.

单楠,杨晓晖,时忠杰,等,2012. 基于MODIS的中国陆地气溶胶光学厚度时空分布特征[J]. 中国水土保持科学,10(5):24-30.

邓晓东,乌日娜,那顺,等,2007. 基于AVHRR资料的内蒙古积雪监测业务系统[J]. 内蒙古气象,2007(1):22-24.

都瓦拉,2012. 内蒙古草原火灾监测预警及评价研究[D]. 北京:中国农业科学院.

郭安红,王建林,王纯枝,等,2009. 内蒙古草原蝗虫发生发展气象适宜度指数构建方法[J]. 气象科技(1):42-47.

侯英雨,张艳红,王良宇,等,2013. 东北地区春玉米气候适宜度模型[J]. 应用生态学报,24(11):3207-3212.

环境保护部,2015. 生态环境状况评价技术规范(HJ192—2015)[S]. 北京:中国环境出版社.

黄德昌,岳安荣,石现文,1995. 川西北高原主要的牧事活动与气象条件[J]. 中国农业气象,16(1):37-39.

霍治国,刘万才,邵振润,等,2000. 试论开展中国农作物病虫害危害流行的长期气象预测研究[J]. 自然灾害学报(1):117-121.

李全基,2002. 内蒙古湿地[M]. 北京:中国环境科学出版社:122-123.

李兴华,孙晓龙,郭春燕,等,2016. 内蒙古草原火灾损失评估方法研究[J]. 内蒙古气象(1):25-28.

李秀芬,马树庆,宫丽娟,等,2013. 基于WOFOST的东北地区玉米生育期气象条件适宜度评价[J]. 中国农业气象,34(1):43-49.

刘桂香,苏和,李石磊,1999. 内蒙古草原火灾概述[J]. 中国草地学报(4):76-78.

毛节泰,张军华,王美华,2002. 中国大气气溶胶研究综述[J]. 气象学报,60(3):625-634.

孟伟庆,李洪远,郝翠,等,2010. 近30年天津滨海新区湿地景观格局遥感监测分析[J]. 地球信息科学学报,12(3):436-443.

娜仁格日乐,马崇勇,乌日娜,等,2011. 内蒙古西部柠条春尺蠖成灾原因与防控对策[J]. 农技服务,28(11):1585-1586.
内蒙古自治区统计局,2018. 内蒙古自治区 2017 年国民经济和社会发展统计公报[EB/OL].
潘进军,2007. 内蒙古气象灾害及其防御[M]. 北京:气象出版社.
裴浩,敖艳红,李云鹏,等,2000. 内蒙古阿拉善地区气候区划研究[J]. 干旱区资源与环境,14(3):46-55.
裴浩,朱宗元,梁存柱,等,2011. 阿拉善荒漠区生态环境特征与环境保护[M]. 北京:气象出版社.
宋富强,邢开雄,刘阳,等,2011. 基于 MODIS/NDVI 的陕北地区植被动态监测与评价[J]. 生态学报,31(2):354-363.
苏布达,易津,陈继群,等,2011. 内蒙古乌拉盖草原湿地中下游植被退化演替趋势分析[J]. 中国草地学报(3):73-78.
苏布达,2010. 内蒙古乌拉盖湿地、草原植被生态损伤评价[D]. 呼和浩特:内蒙古农业大学.
滕晓华,2015. 巴彦淖尔市森林有害生物发生发展规律及防治对策[J]. 内蒙古林业科技,41(3):62-64.
王建凯,王开存,王普才,2007. 基于 MODIS 地表温度产品的北京城市热岛(冷岛)强度分析[J]. 遥感学报,11(3):330-339.
王杰臣,倪绍祥,2001. 环青海湖地区草地蝗虫成灾状况与气候条件的关系[J]. 干旱区研究(4):8-12.
王静璞,刘连友,贾凯,等,2015. 毛乌素沙地植被物候时空变化特征及其影响因素[J]. 中国沙漠,35(3):624-631.
王连喜,陈怀亮,李琪,等,2010. 植物物候与气候研究进展[J]. 生态学报,30(2):447-454.
王明玖,张存厚,2013. 内蒙古草地气候变化及对畜牧业的影响分析[J]. 内蒙古草业,25(1):5-12.
魏铁男,吴时超,徐飞飞,等,2016. 中国区域 MODIS 三个版本气溶胶产品的对比研究[J]. 大气与环境光学学报,11(3):217-225.
吴广荣,2014. 春尺蠖生物学特性及防治方法[J]. 现代农村科技(4):26.
吴瑞芬,霍治国,卢志光,等,2005. 蝗虫发生的气象环境成因研究概述[J]. 自然灾害学报(3):66-73.
武荣盛,吴瑞芬,侯琼,等,2015. 内蒙古河套灌区春玉米苗期光温指标[J]. 应用生态学报,26(1):241-248.
谢静,王宗明,任春颖,2014. 基于遥感的湿地景观格局季相分析[J]. 生态学报,34(24):7149-7157.
信乃诠,1999. 中国农业气象学[M]. 北京:中国农业出版社.
杨丽萍,代海燕,陈素华,等,2017. 气候变化对科尔沁沙地木本植物物候期的影响[J]. 干旱区研究,34(3):518-52.
杨丽萍,梁治中,乌日娜,2007. 积雪监测方法的研究[J]. 华北农学报,22(专辑):106-108.
杨丽萍,乌日娜,闫伟兄,2008. 内蒙古积雪监测方法的研究[J]. 内蒙古草业,20(2):45-47.
于凤鸣,2017. 2017 年内蒙古气候公报[R]. 内蒙古自治区气象局.
于振文,2003. 作物栽培学各论[M]. 北京:中国农业出版社.
张春桂,潘卫华,季青,2011. 基于 MODIS 数据的城市热岛动态监测及时空变化分析[J]. 热带气象学报,27(3):396-402.

张存厚,王明玖,乌兰巴特尔,等,2012.内蒙古典型草原地上净初级生产力对气候变化响应的模拟[J].西北植物学报,32(6):1229-1237.

张连义,刘爱军,邢旗,等,2005.乌拉盖湿地的生态环境现状及可持续发展对策研究[J].科学管理研究(2):117-120.

张宪洲,1993.我国自然植被净第一性生产力的估算与分布[J].资源科学,15(1):15-21.

张耀宗,张勃,刘艳艳,等,2016.1960—2012年宁夏强干旱时空格局及影响因素分析[J].灾害学(1):120-127.

周广胜,张新时,1996.全球气候变化的中国自然植被的净第一性生产力研究[J].植物生态学报,20(1):11-19.

周小成,庄海东,李新虎,2012.九龙江口湿地景观格局变化遥感监测与分析[J].福州大学学报,40(6):731-737.

周晓东,朱启疆,孙中平,2002.中国荒漠化气候类型划分方法的初步探讨[J].自然灾害学报,11(2)125-131.

周扬,李宁,吴吉东,2013.内蒙古地区近30年干旱特征及其成灾原因[J].灾害学(4):67-73.

朱继蕤,侯宇丹,2010.基于遥感影像的城市植被信息提取研究[J].仪器仪表与分析监测(1):12-15.